标识性概念

陈少明　吴重庆　主编

图书在版编目（CIP）数据
标识性概念 / 陈少明，吴重庆主编. -- 广州 ： 中山大学出版社，2025. 12. -- ISBN 978-7-306-08704-1
Ⅰ. C53
中国国家版本馆 CIP 数据核字第 2025ND5312 号

BIAOSHIXING GAINIAN

出 版 人：郭 瑞
策划编辑：何 韵
责任编辑：邓诗漫
封面设计：周美玲
责任校对：管陈欣 魏 维
责任技编：靳晓虹
出版发行：中山大学出版社
电　　话：编辑部 020-84111996，84113349，84111997，84110779
　　　　　发行部 020-84111998，84111981，84111160
地　　址：广州市新港西路135号
邮　　编：510275　　传　　真：020-84036565
网　　址：http://www.zsup.com.cn　　E-mail：zdcbs@mail.sysu.edu.cn

规　　格：787 mm × 1092 mm　1/32　10.125 印张　236 千字
版次印次：2025年12月第1版　2025年12月第1次印刷

弁言

一

学术代变，与时消息。

2016年5月，习近平总书记在哲学社会科学工作座谈会上深刻指出："发挥我国哲学社会科学作用，要注意加强话语体系建设。……要善于提炼标识性概念，打造易于为国际社会所理解和接受的新概念、新范畴、新表述，引导国际学术界展开研究和讨论。"2022年4月，习总书记在中国人民大学考察时进一步强调："加快建构中国特色哲学社会科学，归根结底是建构中国自主知识体系。"这是总书记在新的世界变局下对哲学社会科学工作者提出的新的时代要求。

在我们看来，构建中国自主知识体系，是对近代以来占绝对主导的西方社会科学理论体系的一种反思与对话。而知识体系的根基是概念，构建自主知识体系的基础工作，就是要对中国传统历史经验中形成的政治、经济、文化等方面有标识性的重要概念，进行充分的提炼与阐释。

所谓“标识性概念”，不同于一般的“日常语词”，也并非仅仅复述学界已有公认“定义”的概念，而是指在本土历史文化演进及政治实践中产生，又进入学术流通为世人所用的具有较强解释力和生命力的概念。基于中国文明传统与跨文化比较，提炼逻辑自洽的标识性概念，用以阐释中国发展的生动实践，并赋予其在更大范围的经验研究中以更普遍的意义，已成为新时代中国哲学社会科学工作的重要议题。

二

自2023年秋季学期以来，中山大学马克思主义哲学与中国现代化研究所（简称“马哲所”）、中山大学人文社会科学处、中山大学人文学部联合推出“标识性概念”系列讲座，迄今已举办36讲。讲座的用意，一方面是促进跨学科交叉融合，以研究范式的转换推动学科建设；一方面则是响应国家和时代之需，为建构中国自主知识体系贡献应有的学术力量。这是学界目前最为系统地就人文社科领域诸多标识性概念举办的系列学术讲座，引起了较为强烈的反响。

在2023年10月请徐俊忠教授作首讲“人民”之前，其实我们已经做了一年多的筹备工作。对于标识性概念的遴选，我们有一个“顶层设计”。这一系列讲座由马哲所暨哲学系吴重庆教授提议并统筹，人文学部主任陈少明教授、人文社会科学处处长张伟教授等一起商讨考量，选取相关概念，力图突破既有学科框架，努力寻找理论思考的原点。我们所选取的诸多概念，既有从中国悠久的传统与文化入手所选取的“经典”的概念，比如

“食货”“道器”“境界”“雅俗”“天理”等；又有来源于近现代中国伟大革命实践的“活着”的概念，比如“人民”“革命”“政法”“集体”“单位”等。这些概念尽管有很多是“百姓日用而不知”的熟悉语词，但其深刻含义却需要作学理上的进一步揭示。此类概念的“标识性”在于，对于理解中华文明、中国社会具有重要意义，某些概念甚至为中国文化所特有却又有普遍思想意义，比如“逸民”“面子”“亲亲”等。

“标识性概念”系列讲座，始终做着思想严谨与形式自由间的平衡。我们从不预设讲座呈现的方式，也不刻意追求每一标识性概念之间的必然联结，而是顺着学术的脉络，随机捕捉那些珍贵的思想火花；我们也并非仅仅梳理已有的现成概念，而会赋予某些日常语词以“概念”义涵（比如“做人”）。这也意味着我们所讨论的“标识性概念”，有一个升格及生成的过程，这是一种切实的思想与学术创造活动。

应当说，中山大学“标识性概念”系列讲座是一个艰难探索的过程，此前确实无先例可循。除去系列讲座，我们于2024年11月在中山大学召开“标识性概念与中国自主知识体系”学术论坛（中山大学人文学部、人文社科处、马哲所联合主办），2025年6月在北京大学召开“什么是标识性概念”工作坊（北京大学人文社会科学研究院、中山大学人文学部与生活·读书·新知三联书店联合主办），以图进一步明晰学术思路。试想，假如通过此类学术活动，学界同仁共同梳理、贡献出50个100个这样的标识性概念，其中既有奠基性的“建材”，又有指引性的“路标”，那么我们相信，中国特色哲学社会科学和中国自主知识体系的建构，就不再只是一个口号，而会变成一个可触摸可体知的学术实存。

需要说明的是，我们今天讨论“标识性概念”，绝非闭门造车、自娱自乐，而是始终自觉站在东西哲学与文明互鉴的立场上作严肃学术探讨。在已经讲过的标识性概念中，既有大致独属中国思想的概念，如“食货”“道器”“面子”“集体”“自己人”；也有中西文明皆有的一些概念，如“平等”“良知”“情感”“秩序”“生育”等。我们对这些概念的探讨，属于严谨学理解析，而非空泛政治解读。

三

中山大学“标识性概念”系列讲座的成功举办，端赖各位主讲嘉宾的鼎力支持！诸位主讲者皆在相关领域有着深厚造诣，甚至可以说是某一概念最适合的讲者。当我们发出邀约时，诸位师友无一例外欣然应允，并且专为此一讲座提供最新研究成果，使“标识性概念”讲座成为备受瞩目的学术前沿。

中山大学人文学部主任陈少明教授，除亲自邀请相关学者演讲外，还担任了大部分场次的主持与评议，把握着此一系列讲座的方向，也保证了此一系列讲座的品质，并促进了对“标识性概念”这一课题的深入学术探讨。

中山大学哲学系主任张伟教授，同时也是中大马哲所所长，为此一系列讲座提供了场地和部分经费的重要支持！此次《标识性概念》书稿出版，正是在张伟主任的努力推动下方得实现。马哲所户晓坤教授负责每位主讲嘉宾的接待及每次现场布置，劳力颇多！哲学系周春健教授，为书稿的编纂做了很多具体工作。

感谢中山大学出版社原社长王天琪先生，感谢副社长何韵女士及责编邓诗漫女士！他们的支持使“标识性概念”系列讲座以一种“还原现场”的特殊方式，实现着别样的学术传播。

四

“标识性概念”系列讲座，每场均安排与讲题领域相近专业的研究生撰写学术纪要，并于次日在中山大学人文学部及马哲所微信公号上及时推送。纪要并非单纯复述讲座大意，而是在讲座内容基础上进行有理解性的概括与条理性的归纳，并提炼出一个兼顾学术性与传播性的标题，为读者提供理解某场演讲的独特视角。比如“食货”一讲，推送标题为“我像是在和风车战斗”；“山水”一讲，推送标题为“世上从来没有独存的山林”等。

本次书稿结集，正是在人文学部公号推送文字基础上编辑而成的。文稿收录，截至前30讲，后续将随讲座进展增编而成续集。篇章排列，以每讲当初演讲的时间为序，时间跨度自2023年10月19日至2025年11月4日。每篇内容，包含“标识性概念”核心语汇、讲者简介、内容提要、推送稿标题、正文大意几个部分。文稿有着明显“实录”特色，尽可能保留了诸多体现当时语境和演讲原貌的语态（如“今天的讲座”之类），并保留了每讲主持语、评议语以及交流互动环节文字，目的是让读者能够深切感受到讲座现场气氛，有身临其境的学术“代入感”。

学术多方，天下公器！“标识性概念”是学界共通的事业，期待在今后的岁月里，继续得到学界同仁一贯的关注与支持。感谢所有主讲嘉宾和主持者的出色贡献，他们是不同学科的权威或专家，是我们的同道。让我们携手同行，共同担负起时代赋予的光荣使命，为民族复兴作出应有的学术贡献！

目录

"标识性概念"系列讲座第一讲

人　民

主讲人：徐俊忠
主持人：吴重庆
时　间：2023年10月19日
地　点：中山大学锡昌堂103讲学厅

徐俊忠　中山大学哲学系暨马克思主义哲学与中国现代化研究所教授、马克思主义学院学术委员会主任、中山大学博物馆（校史馆）馆长。曾任广州大学副校长、国务院学位委员会第七届学科评议组成员，曾挂职中共广东东源县县委副书记三年。现兼任中国马克思恩格斯研究会副会长、毛泽东哲学思想研究会副会长、马克思主义哲学研究分会副会长。在学术研究方面，长期从事马克思哲学思想研究，对马克思早期思想下过较大功夫。基于中国人对马克思主义的研究最有可能取得原创性成果的领域为中国马克思主义运动的学术判断，相当长时间致力于毛泽东研究。

近年来，力倡中国学术应当努力实现从"学科性学术"向"问题性学术"转变。著有《探索基于中国国情的组织化农治战略——毛泽东农治思想与实践探索再思考》和《关于新中国政治文明与政治类型的思考——兼谈中国共产党的政治定位》等两篇长论文，颇受学界关注。

马克思说：“人民是否有权来为自己建立新的国家制度呢？对于这个问题的回答应该是绝对肯定的。”中国共产党认为：“人民，只有人民，才是创造世界历史的动力。”然而，何谓“人民”？“人民”成为新中国新的政治形态的重要标识性概念是如何形塑起来的？人民政治是否可能切断滑向“民粹政治”的通路？等等，都是涉及中国革命与建设历史的重大理论与实践问题。

何谓“人民”？“人民”成为新中国政治形态的标识性概念是如何形塑起来的？“人民”在中国出场，并成为一个重要政治范畴，是应对近代中国深陷于半殖民地半封建社会状况的产物。从历史的视角看，“人民”是中国共产党在领导革命、建设和改革过程中，不断生成、塑造出来的崭新的社会政治主体。

“人民”在中国的出场历经哪些重要历史节点？在新时代，历史性地研究“人民”这一概念发明、使用、形塑的过程，努力揭示理论建构与实践探索的互动过程，将为在新时代进一步发扬人民史观，推进中华民族伟大复兴提供积极的理论借鉴。

“人民”讲座开门红

2023年10月19日上午10时，由中山大学马克思主义哲学与中国现代化研究所、中山大学人文社会科学处、中山大学人文学部共同主办的“标识性概念”系列讲座，在中山大学锡昌堂103讲学厅开门首讲，首次讲座主题为“人民”。

讲座尚未开始，现场已座无虚席，其间不断有人携凳入内，过道上、大门外挤满听众。来自哲学系、马克思主义学院、中国语言文学系、历史学系、法学院等院系及广州地区其他高校乃至省外高校的师生济济一堂。

“标识性概念”系列讲座之缘起

在“标识性概念”系列讲座正式开讲之前，中山大学人文社会科学处处长、哲学系主任、马哲所所长张伟教授致辞，对“标识性概念”系列讲座的背景与目标进行了介绍。

其一，响应国家与时代之需求。构建中国自主的知识体系，需要一系列“标识性概念”。一个“标识性概念”不仅应是中国独有而西方没有的，也应是扎根中国又能切实形成国际影响的学术概念。该系列讲座在选取概念时将以此为标准，从“两个结合”视角，一方面寻找中华优秀传统文化中的重要概念，另一方面寻找中国近现代革命以来生成的具有中国特色且在国际交流中能广泛应用的概念，邀请校内外对相关概念有深入研究的学者开讲。

其二，促进跨学科之交叉融合。一个“标识性概念”一定不能局限于单科学科领域中理解，跨学科是其题中应有之义，借此活动也能进一步推动中山大学人文学科、社会科学学科乃至医学学科、自然科学学科的交叉融合。

其三，以研究范式的转换推动学科建设。正如徐俊忠教授近年倡导的从“学科性学术”到“问题性学术”的范式转换，一个学科的建设与发展恰是要超越学科以内的范式才能触及时代前沿的问题，以问题研究推动学科发展，“标识性概念”系列讲座当有如此推动。

本场主持人由人文学部副主任、哲学系吴重庆教授担任。他说，我们用了近一年的时间筹备“标识性概念”系列讲座，不单是等待徐俊忠教授开讲，亦是期望“人民”出场。何谓“人民”？作为新中国政治形态的标识性概念，“人民”是如何形塑起来的？徐俊忠教授长期从事马克思哲学思想及毛泽东思想研究，近年来，他对新中国政治文明与政治类型的思考以及对“人民政治”概念的研究颇受学界关注。他认为，必须将之置于一种历史的视角下，“人民”概念才能得到深刻的认识与理解。

一、关于“人”的马克思主义思维

首先，徐俊忠教授讨论了关于“人”的马克思主义思维。中国共产党一直自觉地运用马克思主义的立场、观点和方法分析问题，那么马克思主义如何理解“人”？马克思早年曾指出，“人不是抽象地蛰居于世界之外的存在物，人就是人的世界，就是国家、社会”。从否定意义上看，我们不能把人与人的世界割裂开来；从肯定意义上看，我们需要联系人及其生活的世界、人与之不断相互作用的国家与社会来理解“人”。

在马克思主义看来，无论是封建专制主义社会抑或资产阶级社会，都尚属于“人类社会史前时期”，因为人与人之间并非以“人”的身份相互对待，更多的是奉行丛林法则，延续动物世界那种弱肉强食的习气；同时，社会的通则是把他人视为工具，也令自己沦为工具，人与人之间无法以“人”相互对待，更谈不上人与人之间的守望相助。马克思主义哲学非常明确地强调与这种看法完全不同的立场，宣称它的立脚点是“人类社会”或“社会化的人类”。理解好马克思主义关于“人”的这种思维，是更好地理解以马克思主义为指导思想理论基础的中国共产党人如何在革命与建设中提出“人民”这一重要范畴的重要前提。

二、“人民”在中国出场的历史际遇

徐俊忠教授指出，研究问题必须遵循从历史分析开始的方法。“人民”概念是在应对近代中国深陷于半殖民地半封建社会状况下出场的。

由资本主义主导的全球化正如马克思所言，它“使未开化和半开化的国家从属于文明的国家，使农民的民族从属于资产阶级的民族，使东方从属于西方”。处在“三座大山”压迫下的中国，也如列宁所言，只不过是“帝国主义国际政治体系的客体”，是帝国主义国家发展期文明的“肥料”。在这种历史境况下，中国各种民族救亡、复兴运动不断高涨，救国方案接二连三地出现，如实业救国、教育救国、共和救国、新民救国等，但都无法成功。根本的原因在于缺乏克服国外列强与国内封建势力相互勾结的有效办法。然而，民族救亡与图存是近代中国走向复兴的必答题。“人民”在中国的出场，就是这种历史际遇的重要产物。

三、“人民”在中国出场的主要节点

紧接着，徐俊忠教授以中国共产党人的杰出代表毛泽东的思想演进为主线，考察“人民”在中国出场的基本节点。

第一个基本节点是作为救亡新路径的“民众大联合”逻辑的开启与“人民”概念的初期运用。“民众大联合”的逻辑发生于民众是国家主权的拥有者，即“主权在民”。毛泽东认为“民众大联合”之发生将不断催生出“我们”“同类”和“我们的共同利益”等崭新的政治意识。毛泽东在《中国社会各阶级的分析》中进一步深化“民众大联合”的思想，并在《湖南农民运动考察报告》中开始运用“人民”这一概念。

第二个基本节点是抗日民族统一战线实践中“人民”概念的运用。“人民”概念的全面成熟和基本定型主要发生在这一时期。为建立最广泛的抗日民族统一战线，瓦窑堡会议后，中国共产党自觉改“工农共和国”为“人民共和国”。在具体实践中，毛泽东明确指出“人民共和国不代表敌对阶级的利益”，提出以“组织起来”为实现“人民”伟大创造力的基本路径，并立场鲜明地坚持人民史观、群众路线和人民价值观。

第三个基本节点是新中国建政新实践时期，“人民”概念的丰富与发展。这一时期以“七大”为起点，以“窑洞对”“五一口号”“五四宪法”等新中国成立前后探讨政权建立的一系列文献为标志。这一时期的“人民”概念延续了多阶级、多阶层的广泛性，发扬了其“人民民主统一战线”的传统。

第四个基本节点是社会主义建设时期提出的“正确处理人民内部矛盾”问题，它开启了理解“人民”概念的新向度。相比苏联长期固守于社会主义是人民利益高度一致的认识，中国共产党认为“人民”以共同利益根本一致为基础。但就其具体构成而言，毕竟是具有差异性的“非同质性”的存在。人民内部之间客观地存在着各种各样的差异与矛盾，因此应当正确处理人民内部矛盾。在这一时期，毛泽东探索区分人民内部矛盾的不同类型以及解决不同类型矛盾的不同方法论原则，强调它只能用非“专政”的“民主的方法”，如“分清是非”“教育和说服”“统筹兼顾，适当安排”等。这是新中国政治主题的第一次转换性尝试。

四、关于“人民”概念的基本特质和延伸性讨论

“人民”在中国革命与建设过程中的出场，就是“人民”基本内涵不断生成的过程。透过对这一基本历史脉络的梳理，其概念的基本内涵可以理解为：“人民”就是基于共同利益的非同质性存在。这一基本内涵所透露出来的基本政治思维是：在区分出破坏或危害国家和民族共同利益的“敌人”的前提下，努力在不同人群中寻找共同利益，即努力于“异中求同”，以最大限度地形成克服“敌人”的统一战线。某种意义上说，“人民”是以“异中求同”而达成革命和建设中最大限度的统一战线的政治性概念。因而，“人民”这一概念也可以说是基于“公意”和“公共利益”的概念。

进一步延伸地看，“人民”概念与“人民政治”也是紧密相连的。“人民政治”就是以“人民主体”为基本特征的政治，而不同于西方式的“政党政治”。在这种“人民政治”中，人民是主体，而不是可以被当作选择性对待的“客体”。因此，这种政

治强调人民必须被作为具有政治、经济、社会与文化等领域管理权力的政治主体，而不是任由少数精英摆布的“客体”，也不是在少数精英管理下享受各种福利的群体。人民参与政治、经济、社会、文化管理，是这种政治的基本特征。当然，实现的形式是需要不断探索进而逐步完善的。另一个需要做出延伸性讨论的是人民主体性与人的改造问题，需要加强对人民群众的政治引领与政治教育，培养他们的团结意识和主人翁意识；还有一个不可忽视的重要主题是人民主体性与防止“民粹主义”。历史的实践反复证明，坚持人民主体性，必须设置防止民粹主义思潮影响的防护栏。

五、交流互动

徐俊忠教授脱稿脱麦足足讲了100分钟，讲毕，现场掌声雷动。其演讲内容饱含学理，脉络清晰，旁征博引，充满激情，给在场听众留下了深刻印象，也引发了大家围绕“人民”展开进一步思考。

有同学问，应当如何理解中山大学校史馆在新中国成立以来的校史叙事中“人民中大”的概念？还有同学向徐老师请教他对从苏维埃时期到新中国成立以来的人民代表大会制度发展变迁的看法。对于同学们的问题，徐俊忠教授一一给予耐心解答。

关于“人民中大”，担任中山大学博物馆（校史馆）馆长的徐俊忠教授十分重视这段校史表达。他认为，建设“人民中大”，体现着从旧中国到新中国大学办学理念的变迁与发展。孙中山先生办学之初，曾经为中山大学留下一个很好的办学思想，即为革命和建设培养人才。教育就是要为社会发展服务，要促进社会道义之长进，要服务社会物力之增长。新中国成立以来，中山大学既继承优良传统，又努力贯彻新中国的教育方针，为国家的复兴以及政治、经济文化教育等领域培养人才。再说，“人民中大”作为新中国校史的表达，不仅合乎实际，而且就是当年大学非常自觉的选择。当时中山大学的校报，报名就叫“人民中大”，非常自觉地扭转大学脱离实际、脱离人民事业的倾向。尤其中山大学努力向全体人民，包括向工农大众开放，自觉地逐步加大招收工农子弟的比例。所以，以“人民中大”标识这一时期的中大办学特质，是贴切和自然的。

关于人民代表大会制度的问题，徐俊忠教授认为，它与苏联的苏维埃制度有着一定的同源性，但千万不要忘记中国革命道路的特殊性。这个特殊性可以从许多方面去说明，但有一个最为明显的独特性，就是中国革命有着22年的革命根据地的实践。这是与以武装起义为特征的俄国十月革命非常不同的。新中国成立以来许多政治上的特质是与这个22年的根据地建设实践紧密相连的，要想理解这一问题，历史的维度与背景非常重要。

（整理：龚城）

“标识性概念”系列讲座第二讲

食 货

主讲人：刘志伟
主持人：陈少明
时 间：2023年10月31日
地 点：中山大学锡昌堂103讲学厅

刘志伟 中山大学历史学系教授，主要从事中国社会经济史研究。其扛鼎之作包括《在国家与社会之间——明清广东地区里甲赋役制度与乡村社会》《贡赋体制与市场》《在历史中寻找中国——关于区域史研究认识论的对话》等。

一个能够把中国经史之学传统与现代中国经济史方法联系起来的基本范畴，就是“食货”。“食货”，作为一种至少在两千年的中国王朝历史中主导国家经济制度和社会经济运行，并在历史实践中不断丰富完善的理论，把经济的实质意义和王朝国家的政治原理、统治经验结合得非常完美。

中国传统知识体系中的“食货”概念，与现代学术意义上的“经济”并不是可以在意义上相嵌合或相转换的范畴，无论是把“食货”看成是一个在同一经济理论体系下同市场相对应的财政范畴，还是把“食货”置于社会进化逻辑上，看成是可以用基于市场机制的经济理论推演的、用前资本主义分析方法去认识的经济范畴，都是不恰当的。

“Shihuo” as a Noneconomic Concept.（非经济的“食货”概念。）

把传统经典文献的阐释与现代学术理论方法勾连起来，既不离旧学之奥义，又可嵌入现代学术的理论架构，通过实证性的研究实践，构建解释中国王朝时期经济的理论体系和概念方法。讲座从传统中国学理下的词语出发，通过将其转换为现代学术话语的范畴，探求经济史研究新理路。

“我像是在和风车战斗”

2023年10月31日下午4时，“标识性概念”系列讲座第二讲“食货”在中山大学锡昌堂103讲学厅举行，主讲人为中山大学历史学系刘志伟教授，讲座由中山大学人文学部主任陈少明教授主持。

陈少明教授首先介绍并阐发了筹办“标识性概念”系列讲座的重要意义。中国人文社会科学界近来着力倡导构建自主知识体系，以此对近代以来传入中国的西方社会科学理论体系加以反思、对话与超越。而自主知识体系的根基是概念，要构建中国自主的知识体系的基础，就要对中国传统历史经验中形成的政治、经济、文化方面的重要概念进行充分的理解与认识。

说起“食货”研究，陈少明教授在介绍时打趣，“食”在他的家乡（潮汕）话中用作动词，大家很容易误以为刘志伟教授在做“吃货”的研究。在当今学界中，“食货”概念与刘志伟教授的名字紧紧联系在一起。刘志伟教授是明清社会经济史研究的巨擘，历史人类学“华南学派”的核心学者之一，近年来他在学界多次发表文章与演讲，认为“食货”揭示了中国传统时期真正的政治经济原理。然而，用刘志伟教授的话来讲，选择和坚持这一研究“就像在和风车战斗”。

一、“食货”由来

何谓“食货”？《尚书·洪范》篇之“八政”，“一曰食，二曰货”，按唐代大儒陆德明注，“食”即“勤农业”，“货”即“宝用物”。《汉书·食货志》的序对“食货”概念做了相当完整和精要的阐释。

刘志伟教授说，若采取一种通俗的理解，“食”即农业，“货”即“工商业”也无不可。看上去很简单的两字，二十四史却有十三史单列详述，是中国几千年来传统社会经济生活、经济社会、经济政策与经济行为的基本出发点，是完全在中国传统下产出的概念。

二、“食货”与“经济”之辨

刘志伟教授是治经济史出身，对“食货”的认识伴随着对“经济”概念的思考而不断深化。在他学习经历的早期，即20世纪五六十年代时，“食货”并不被列入经济史范畴。尽管早在民国时期，陶希圣所办经济史研究刊物就以“食货”为名，但在马克思主义视域下，经济学是研究生产力与生产关系的学问，生产关系以阶级关系为核心，在中国表现为地主与农民的矛盾，“食货”原理不涉此议题，也就被认为不属于“经济”。

马克思主义的经济学是资本主义时代开启后的经济学，“经济”的概念与前资本主义时代完全不同。在法国史学家布罗代尔的三卷本巨著《十五至十八世纪的物质文明、经济和资本主义》的第一卷中，前资本主义时代的经济也不被冠以“经济”之名，而是被称为物质生活，以求与“经济”区别开来。“经济”这一概念，显然是古典经济学意义上的，即以市场交易为基础，以货币计算的价格形成和调节机制为分析手段去解释经济活动运行方式的经济现象。在这个意义上，“食货”确非“经济”。

然而，“食货”又与亚里士多德思想中的“经济”意义十分相近。亚氏《政治学》讨论的家庭管理（经济）指的是为获取具有使用价值的财富的活动，据亚氏原话可概括为to live or to live well（维持生命或活得更好），这与中国古代经典论述中的“食货”原理是相通的：“食”是使民生存，实现基本物质生活，要靠“勤农业”“以佃以渔”；而“货”是使民活得更好，这便是“宝用物”“通其变，使民不倦”，所谓“不倦”，正是指基本物质生活之上的丰富多彩的生活。这个意义上的“经济”在人类历史上的不同文明和不同体制的国家中是共通的。所以，从我们中国传统中走出来的“食货”，其实也是全人类共有的知识体系中不可或缺的一部分，具有普遍性意义。

那么，我们如何将“食货”置于一般经济理论体系中加以定位?

从亚当·斯密以来，现代经济学的理论和方法，是建立在市场经济体制的基础之上的。在经济学基础上发展出来的现代社会科学的学术范式越来越扩大，并主导了人类对社会整体认识的领域，奥地利学派的经济学家路德维希·冯·米塞斯主张要从古典的政治经济学发展出解释人类行动的科学，经济科学由此脱胎成为人的行动学（praxeology）。人的行动学需要将从市场体制形成之前和市场体制之外的经验经济中形成的理论和分析方法纳入其中，建立更具有广泛解释力的概念和方法体系，“食货”就是一种基于传统中国历史经验的关于非市场经济体制的理论。基于市场体系发展出来的现代经济学通过分析在市场中的商品和服务以货币表示的价格计算，研究如何通过资源配置的选择去实现财富增长，解决稀缺性的问题，米塞斯用另一个词catallactics（交换学）称之，因此“食货”作为一种有别于catallactics的学术范式，可以被纳入米塞斯所谓的“人的行动学”的广义经济学的学术框架中，由此，基于中国传统的财富观念和物质生活的经验性事实形成的“食货”理论，可以为现代社会科学体系的发展贡献思想资源。

简言之，在广义的经济学的框架下，可以有两个不同意义的经济学概念，一个是以18世纪以后形成的市场经济体制为对象的经济学catallactics，一个是从中国历史的经验事实中形成的“食货”原理。与这一划分逻辑相通的是经济人类学家卡尔·波兰尼的著名论文“The Economy as Instituted Process”（《经济：有制度的过程》）中对形式主义经济学与实质主义经济学的划分。

“经济的”形式意义（the formal meaning of economic）是由手段—目的关系的逻辑特性中产生出来的，如同economical（合算的）或economizing（节省的）这些术语所呈现的，其意义涉及选择的特定情境，即由手段的不充分而引起的对手段的使用做出选择的情况；“经济的”实质意义（the substantive meaning of economic）则是由人因生计而对自然及其同伴的依赖而产生出来的，涉及人类与自然和社会环境之间的相互交换，通过这种交换获得满足需要的财富。“食货”概念去指称的经济制度原理不是交换学意义上的经济，而更接近卡尔·波兰尼的实质主义经济学原理。

三、中国古代经典论述中的“食货”

接着，刘志伟教授对《周易·系辞下》《尚书·禹贡》，以及《汉书·食货志》序言等古代经典中的有关论述进行解读，阐明“食货”之道。在他看来，“天地之大德曰生，圣人之大宝曰位”是“食货”的前提假设，即人们获得生存所需的物质条件出自天地之德，天地所生提供了充分的物质财富。人们获取这些物质财富的能力，是由“人主施政教于民”得到的。这些居于人主之位的“圣人”通过控制自然财富，得以“聚人守位，养成群生”，这是他们“奉顺天德，治国安民之本”。圣人守位的合法性来自“仁”，“仁”体现在他们能够奉顺天德，控制财富以养成群生。从“食货”原理出发，刘志伟教授还对“定九州”“五服之贡”做了精彩的创新性阐释。

概括来说，刘志伟教授认为，“食货”理论的基本内容是如何以稳定有效的方式获取自然财富，并在一种统治与被统治的人身支配的政治格局下，通过交换手段实现财富使用价值的再分配。在中国古代历史发展中形成的国家意识形态和王朝体制运转中，“食货”作为一种人的行为和物质运动的方式，以王朝国家编户齐民作为基础，通过“圣王量能授事”和“四民陈力受职”

的贡赋体系，实现生产条件的分配与贡赋责任对应的“均平”原则。同时，国家通过控制货币发行和流通，并对商品流通实行专营和管制来控制交换领域，以此作为敛财的重要机制，维持经济运转和政治稳定的均衡。这种体制自秦汉到明清，以不断改革具体的制度设计维持稳定的结构，形成了一套中国独特的知识和制度。

四、“我就像在和风车战斗”

对“食货”研究如此关注的背后，是刘志伟教授对现行中国经济史研究主流范式的挑战。他指出，未来中国经济史研究可以走向两种不同的范式。一种是基于市场经济体制的分析概念和方法，从资本主义经济运行的逻辑推断前资本主义经济的逻辑，这种方法一直是经济史研究的主流，理论越来越时髦，问题越做越精细，也有越来越多的学者投入其中，但其是否会偏离中国传统文化本身的、甚至部分延续至今的经济逻辑？另一种则是从贡赋体制的食货原理出发，建立分析性概念，探索新方法。但目下很多人认为“食货”研究是落伍的、不入流的，因此他自嘲说：“我就像在和风车战斗。”

即便如此，他仍要坚持呼吁，更年轻的学者如果真正想从中国的历史经验和知识传统中发展出标识性概念，建立具有更广泛解释力的经济学理论并把它放在一个全人类共同追求的知识体系里面去的话，应该从“食货”入手，建立可供应用的分析性概念。他列举了“食货”研究的若干问题进路，如食货体制下生产要素的性质与配置原则、食货经济中的“商品”、食货运行中的商品价格形成和调节机制，等等。其中有非常多可供挖掘的创新性议题，都亟需学者开展扎实的实证研究。

举例而言，中国近代史书写中，鸦片战争以来的“白银外流”叙述，按事实来看，中国并没有出现现代国际贸易理论意义上的“逆差”，实际考证起来，白银流进还是比外流要多的。但学界之所以坚持“白银外流”的叙述，是因为在“食货”原理之下，白银就不应该向境外流动，其背后是两种截然不同的经济体制之间的对抗。总之，“食货”研究需要大家尤其是青年学者的共同努力。

五、交流互动

“好，我想我已经讲得太多了，接下来的时间交给……”刘志伟教授交出话筒之际留下的是一个不完整的句子，迎接他的是满堂热烈而长久的掌声。即便此时已到了该当“吃货”的饭点，校内外各院系慕名而来的师生听众仍不舍得离开“食货”的讲堂，因为“知识盛宴”还在继续。

陈少明教授接过话筒做点评分享，从事中国哲学研究的他以往是从“道器”视角进入《周易》《尚书》等古代经典，不同学科进入共同的文本、得出不同的阐释使他很受启发，由此他引出一个更重要的议题，即还原到中国古代语境中，无论“道器”还是“食货”都是相通的，这正体现了跨学科交流对于建立中国自主知识体系的重要意义。随即他率先提了三个问题：中国古代经典中亦有“理财”概念，如何理解它与“经济”“食货”的关系？“食货”原理下的贡赋体制如何处理与周边国家的关系？最重要的是，从1949年以来到改革开放之前的“经济”，我们又该如何定位？

刘志伟教授对此一一作答。他说，越往前追溯，中国传统的知识体系的整体性就越强，不同概念间亦是理念相通。“理财”确是中国古代经典论述中一个重要的经济概念，它与“食货”侧重不同，却共享着同一套经济逻辑，在这套经济逻辑下，货币、土地、市场都必须相互联系起来才能得到正确的理解，在这样的前提下，“理财”绝对比今日的词义要丰富得多。

针对第二个问题，刘志伟教授认为，“食货”原理下的贡赋体制与周边国家大体可分为两种关系：一种关系是周边国家部分进入了我们的经济体制，比如东南亚国家与日本，中国想要获取物质财富以养成群生，必须和它们互通有无；另一种关系则只是象征性的经济往来，在天下秩序的逻辑中建立朝贡体制，但并未纳入本国的经济体制。

关于最后一问，刘志伟教授认为，自己之所以读古书对“食货”产生学术敏感，就是因为有过集体化时期的生活经验。他举了几个例子来说明：一是以农村生活经验为例，那时候提倡“为国家种粮”是很光荣的，上缴国家的不仅有作为“农业税”的“公粮”，这只是公民应尽的义务，农民交的更多的是余粮，这也同样被认为是对国家的责任，一般经济学理论很难解释新中国在如此低税率制度下的征税能力；二是以他从1972年起在工商管理局的工作经验看，改革开放前的价格机制与市场经济的价格机制是完全不一样的；三是以在中山大学历史系师生课后为校园挖鱼塘的故事，阐明在改革开放前的政治经济逻辑下个人对国家无限的责任与主体参与意识。这些经验背后的逻辑与“食货”不能够简单类比，但却又与“量能授事”“四民陈力授职”相通，共享着某种中华文明的国家传统。

陈乔见教授最后提问，《史记·货殖列传》中的“货殖”与“食货”是否有所区别？刘志伟教授认为，《史记》涉及广义经济讨论的两个名篇，一是《货殖列传》，二是《平准书》，前者在《汉书》以后就不入史书，而后者包含在他所说的“十三史”中，对“食货”原理构建更有重要意义。概括来说，司马迁在《货殖列传》中揭示了人作为个体的逐利本性，在《平准书》中提出“安宁则长庠序，先本绌末，以礼义防于利”，勾勒出对后世中国影响深远的“重农抑商”传统，这与他亲历汉武帝时期的商业政策变迁不无关系。

（整理：龚城）

“标识性概念”系列讲座第三讲

道 器

主讲人：陈少明
主持人：张 伟
时 间：2023年11月28日
地 点：中山大学锡昌堂103讲学厅

陈少明 中山大学哲学系、博雅学院合聘教授，哲学系学术委员会主任，中山大学人文学部主任。教育部长江学者特聘教授，中国哲学史学会副会长，中华孔子学会副会长。出版有《经典世界中的人、事、物》《做中国哲学》《梦觉之间》《问物》等著作十余种，近年来倡导“做中国哲学”，在学界产生较广泛的影响。

道是中国哲学的第一范畴。但道器不二，需即器言道。器不但陶冶、规范生活、生产，还划分时代（石器时代、青铜时代）。道由器（路）而来，并依器的演变从用器、工具、祭具、礼器而延伸、发展；至货币、艺术、文字、人物，形神齐备，蔚为大观。

天下兴亡，既关道之得失，也涉器之兴衰。儒家的修史与道家的谈玄，都得在春秋时代礼崩、乐坏、器乱的背景中得到理解。从有形的器感知、掌握无形的道，在历史的原野上寻找文明的路径，勘察意义的地图，正是道器形上学的使命。

在中国文明的原野上观“器”探“道”

2023年11月28日下午3时，“标识性概念”系列讲座第三讲“道器”在中山大学广州校区南校园锡昌堂103讲学厅举行，主讲人为中山大学人文学部主任、哲学系陈少明教授，讲座由中山大学人文社会科学处处长、哲学系主任张伟教授主持。

张伟教授首先回顾了“标识性概念”系列讲座的前两场讲座，即徐俊忠教授的“人民”和刘志伟教授的“食货”。对于即将进行的“道器”讲座，张伟教授提醒不能忘记副标题——“理解中国文明的视角”。“道器”说是典型的具有中国标识性意义的思想概念，是中国的“形上学”传统中的基本概念范畴。本着“做中国哲学”的理念，陈少明教授对于“道器”等中国哲学核心范畴的探索，是尝试跳脱西方理论框架，构建中国自主知识体系的哲学努力，同时也为更好地解释经典的世界和理解中国文明的叙事提供了新视角和新经验。陈少明教授长期致力于思考和探索“做中国哲学”的研究方法和范式，引领着我们在文明的原野上观“器”探“道”。

一、器的世界

《易·系辞》曰：“形而上者谓之道，形而下者谓之器。”

但我们的哲学传统中，更多的是“原道”，很少“说器”，陈少明教授认为“道器匹配”方是进入古典文化世界的思想正道。问道莫若先观器。

陈少明教授首先以《易・系辞》和《礼记・礼运》篇为例，揭示了古典文献记载的从“观物取象”到“观象制器”的有关原理，借《易》卦象功能的阐释，为我们概括描述了器的发明史。从“古者包牺氏之王天下”到“神农氏作”，再到“神农氏没，黄帝、尧、舜氏作”，即从渔牧、狩猎到农耕及早期工商时代各种器物的生产和应用。器的时代贯穿了旧石器、新石器、青铜器和铁器时代。《礼记》中器与礼的结合更涉及了与“养生送死”“事鬼上帝”等与人类生活有关的饮食、衣饰、居屋和祭拜。可以说，器是人类力量（物质与精神）的见证，器这种古代社会生活的创造物关联着人类的文明。

二、观器

陈少明教授认为器为有形之物，是人为达到特定的目的而制作或利用的物品，它的制作与运用覆盖物质、社会和精神（宗教与艺术）等人类生活的各个领域，可分为五个层次：自然物（器物的资源或“物欲”的对象）、日用物（生产与生活用品）、象征物（礼器、艺术品与文物）、功能物（从象征物中派生，如货币、文字）、人物（君子之“道”，超然器外，隐身器中）。这里既囊括了实用物，也包含了用以表达观念与社会行为的象征物。

象征物的价值不在于材料特性，而在于被赋予的某种非物理的精神意义。礼器是其大宗，如象征权力的九鼎；此外还有一些象征物与一般礼器功能不同，如货币与文字；而更特殊的器，不是物，而是人。同一类型器物的用途是变化的，以鼎为例，它经历了从生活到宗教，再到权力象征的转变，成为礼器，被用以树立权威，维护秩序。作为功能物的文字和货币，两者对材料的选择都有一定的要求，文字附着的材料，需要具备合适的质地，货币则需用相对稀缺的物品。但二者的发展表明，材料只是临时的载具，意义在于其符号价值。

拟人为器，是从孔子就开始的说法。《论语・八佾》中，孔子批评“管仲之器小哉”，《公冶长》中，孔子把子贡比喻为有类于“瑚琏”一类的礼器，《为政》又言“君子不器”。夫子言器，往往以礼的立场来看评价对象所起的作用和所处的位置。而人的成器即成才，则是与社会、文化相关联的。在儒家的框架中，器象征着秩序，“成器”则需要修身与修心，心身即道器。

三、即器言道

道原指道路，是连接此处与目的地的途径，是实现想法的手段，“有道”需要符合规矩与秩序。随着“道”意义的泛化，“道”也从器物（路）走到了观念，从形下走到了形上，所以老子说：“道可道，非常道；名可名，非常名。”

以道观器，器为有形之体；以器观道，道为无形之物。有形与无形涉及可见与不可见，也就关联了“形下”与“形上”。孔颖达言：“道是无体之名，形是有质之称。凡有从无而生，形由道而立。是先道而后形，是道在形之上，形在道之下，故自形外以上者谓之道也，自形内而下者谓之器也。”孔颖达的表述，很好地阐释了道、器与形上、形下的关系。

陈少明教授以鼎的功能的变迁为例，通过鼎从作为炊具的器到敬神的祭器，甚至化身为王权象征的重器之分析，揭示道从现到隐，即从可见、可观到可解的结构变化。陈少明教授又以《左传·宣公三年》所记的“楚子问鼎”之事，来说明鼎与王权的盛衰关系，并将“鼎盛”与“鼎革”的词源纳入“鼎”的语义演变的解释中。鼎的功能从实用器具转移到礼制象征是因为“在德而不在鼎”，“铸鼎象物”是为了“使民知神、奸”（《左传·宣公三年》）。鼎形与纹饰的选择和设计就涉及艺术与器的某种作用或功能的共存。在象征的思维方式中，一旦脱离了原初的运用背景，图案或纹饰就会成为艺术形式，事实上，青铜器在后来也的确发展成了艺术。

虽然道器相即，但道不等于器。鼎除了用于仪式性的展示外，对于其所蕴含的不能直观的价值或意义，就需要通过语言文字的标示来进行传达，即起“名”。如毛公鼎就通过在鼎内部铭刻文字来彰其功绩。即器言道就是从器的使用中理解其作用或意义及其变迁，但道也有离器独立的趋势。道器不二，是因为道是器的目的；而道器二分，是由于道与器存在无形与有形的区别，分析、描述离器言道的趋势，有助于把握道逐渐观念化的轨迹。

四、《春秋》之道：救世与救器

孔子说：“惟器与名，不可以假人，君之所司也，名以出信，信以守器，器以藏礼，礼以行义，义以生利，利以平民，政之大节也。”（《左传·成公二年》）在孔子的心目中，有道无道是依据运用礼器的权力秩序是否正常来判断的，而清代阮元在《商周铜器说》中对孔子“器名观”的解释也正是从政治角度出发的。阮元认为鼎的转移存在赐、赂与取三种途径，而这也正是礼崩乐坏的表现。

当象征名分的器变成了可以争夺的对象后，人们已经见器不见道。而失道之器，其实只是废器甚至是乱器。孔子作《春秋》，就是基于救道的热情。其实道废不是因为器亡，而是支配政治权力的礼器秩序的混乱与丧失。以守护礼义为使命的孔子，其编修经典，就是试图通过对历史经验的评述，恢复道的本来面目。

道家与儒家的救道战略不同。同样面对礼崩乐坏、丧德失道的局面，老子开出的药方是离器言道，重无轻有。老子认为，秩序的混乱源于人们对权势与财富的贪婪，陷溺太深，故器乱而道蔽。在道器错乱的局面中，当务之急不是徒劳地整顿器用的秩序，而是把道拯救出来，这才是长治久安的正途。救道就是要摆脱器的纠缠，在思想上提高道的位阶，重新定位道。老子的道，是离器、无形、非名之道。

孔、老两种不同的救道方略，都是以退为进。老子是“见周之衰，遂退”；孔子则是知“时之不用，道之不行”，才退而修《春秋》。孔子知其不可，但积极编修经典，仍然关怀世道人心；老子则不得已，为了过关西去，留下那五千言，是看破人心世道。一个是经世之道，一个是玄思之道，分别在中国文化中成就了史学与哲学。

五、器的复位

明末清初的王夫之，非常关注道器结构的实践意义，他强调“天下惟器”（《船山全书》）。这种道器论，不只是对理气论的冷落，其器本道末的想法，实际上颠覆了重道轻器的观点。章学诚后来的“六经皆器”说（《文史通义·原道中》），观点与王夫之相同。这种道随器变的呼声，是那个时代的空谷足音。在近现代，梁启超、陈独秀、梁漱溟都曾讲到变革要从器物、制度和文化三个层次入手。船山哲学得到的回响，正是器、道共变的时代特征的写照。在前所未有的大变局中，中华文明如何做到固本开新，开新且不忘本？从历史的长时段看，这是一道要认真作答的考题。

六、机器，还是物种？

在过去，器物的支配是从自然的利用发展到观念的赋义；在现代，观念的力量已经可以从物质的利用蜕变为现象的制造。在日渐到来的虚拟世界，人工智能技术的发展已经从赋予器物功能、在人操纵下完成人的要求，到独立完成并超额完成人的要求，甚至自动给自己设定要求。这种智能之道，与人之道（心灵）最终是支配—被支配的关系，还是演变为并存的关系？简言之，机器是工具还是对手？这是一个等待解答的问题。

七、交流互动

所有的反思都是为了前瞻，对文明中根源性概念的回顾，也从来不是为了在夕阳中“沉沦”。塞万提斯说：“历史孕育了真理，它能和时间抗衡，把遗闻旧事保藏下来。它是往昔的迹象，当代的鉴戒，后世的教训。”“道器”从历史的长河中经过，也从陈少明教授一个多小时的讲座中显身，等待着“后来人”的发问……

器物从实用走向象征，是否又会从象征走向无意义？器物的世界是否就是“工具”“功用”的世界？在历史的长河中，道与器的关联是否始终紧密？同学们的问题层出不穷，陈少明教授也一一给出了回应。在他看来，器是我们理解世界的开始，更是我们生活的开端。作为文明的象征，任何器的制作都带着创作者或隐或显的目的，文明的积累从具象（器）而来，添加抽象的理解与定义（道）。

吴重庆教授由此发问，在传统的祭祀中，祭品的选择是非常严肃的，如君王祭社稷，牛、羊、豕三牲齐备为“太牢”。选取的这些牲畜接受过人类的驯化，作为祭品，它们的身上似乎也携带着“人的目的”。如此一来，我们是否可以将祭品也视为器？

对此，陈少明教授表示，在祭礼的过程中，祭品固然是不可或缺的。然而“食”“货”分开便已经充分说明，“食”与“货”终归是有差异的。因为食品是消耗性的，而器却是可重复利用的。祭品虽然包含着人的目的，但这一目的却要通过器来完成，因此，器成了目的的实然承接者，所以祭品虽重要，却并非器。

曹家齐教授则提出了三个重要问题：首先，人既是自然的繁衍物，也是教育的“产品”，受过教育的人，是否可以看作器？其次，道器和体用的关系如何？它们究竟是一套道理的不同表述，还是两个不同的道理系统？最后，曹教授将道器的问题引向了更为宏大的视域：如果说，文化就是一种生存结构，即人面对他所处自然环境而形成的具有持久性的意识和行为习惯，那么，当人们区分中国文化和西方文化时，应该从器的角度出发，还是从道的层面回答？

陈少明教授回应说，如何确定区分中西文化的视角，是一个留待无数学人思考的“大问题”，所以也不妨将答案之钟，留至未来敲响。而对于前两个问题，首先，从制造和被赋予意义的角度来说，人不能被称为器。虽然从形式上来说，人也在接受着“教育”的塑造，但是人始终保有着“心”的能动性。以器喻人，既看到了“人的发展”与“器的制作”在形式结构上的相似性，也反映着人对于自身“有用”的期待。然而，这终究只能是一种比喻，且必须是有限度的比喻，我们不能把人当作工具、机器去赋予他意义，甚至无限度地定义、塑造他，如此，则人不为人。至于道器和体用的关系，体用指向的是实体与功能，它和“道器”这一概念确实存在一部分意义重叠，但似乎并不能完全等同。

随后，诸位教授又就本次讲座进行了“无程式”的自由交流，肆意播撒着思想的火种。吴重庆教授别出心裁地从“器”字的字形上展开了思考，他说器有四口，其中为犬。犬这一动物象征了什么？它是否具有其他动物所不具备的文明属性？

对此，陈伟武教授表示，人驯化犬的历史是极为悠久的，故而以犬作为字义构建的媒介是可以理解的。但是毫无疑问，人和动物的关系是复杂的，无数的谜团还萦绕在“人兽”之间……

显然，对“道器”概念的反思，牵引出了中华文明中诸多根源性问题，这些问题在不同的时代，又为不同的你我深情思索，而你我也终将在思索中看到“未来走到我们中间，只为能在它发生之前很久，就先行改变我们”……

（整理：谢佩霖）

"标识性概念"系列讲座第五讲

境　界

主讲人：彭玉平
主持人：陈少明
时　间：2023年12月18日
地　点：中山大学锡昌堂103讲学厅

彭玉平　江苏溧阳人，文学博士，中山大学中国语言文学系教授，《中山大学学报（社会科学版）》主编。教育部长江学者特聘教授，中山大学逸仙领军学者，广东省珠江学者特聘教授。著有《王国维词学与学缘研究》《况周颐与晚清民国词学》《诗文评的体性》《王国维的两个世界》《唐宋词举要》《中国词学史》等。曾荣获第八届教育部高等学校科学研究优秀成果奖（人文社会科学）一等奖，两种著作入选"国家哲学社会科学成果文库"，兼任《文学评论》《文史哲》等杂志编委。

境界是中国文论的核心范畴，地理、宗教、艺术皆有其来源；境界与意境密切相关，在很多语境中可以贯通使用。唐代皎然将物境、情境与意境三说并列，呈现出意境的独特审美意义，并逐渐生成传统诗话词话等的重要范畴；清末王国维开始建构境界说的理论体系，以高格与名句为表征，境界的谱系含有不同层级与价值。

从境界与兴趣、神韵之关系，可以看出中国文论相互生发、各有胜场的特点。

冬天里的满堂“境界”

南国难得入冬，2023年12月18日下午3时，中山大学广州校区南校园锡昌堂103讲学厅却是满堂春意，“标识性概念”系列讲座第五讲“境界”如期举办，主讲人为中山大学中国语言文学系主任、《中山大学学报（社会科学版）》主编彭玉平教授。讲座由中山大学人文学部主任、哲学系陈少明教授主持。

陈少明教授指出，所谓“标识性概念”，是“百姓日用而不知”的“熟悉”概念，在使用时很“顺口”便捷，但其含义的源流和义涵，其实大多数人并不清楚。同时，这些概念通常很难在翻译过程中找到准确的外国语言相对应，这是中文语言中较为独特的现象。

而“境界”一词，不仅在文学研究范围中，在中国哲学领域亦有相关的思想资源，如冯友兰在其著作《贞元六书》中便将“成圣”划分为“四重境界”，故“境界”一词具有多维的研究价值。彭玉平教授长期深耕王国维研究，将就“境界”一词在王国维语境中的来源和思想意义，为观众带来精彩的解读。

一、“境界”溯源

彭玉平教授首先对“境界”一词的历史来源进行梳理，认为该词的来源大略有四：其一为如《诗经》《楚辞》等古典作品文献；其二为西方学术话语的影响；其三为中国古典文论；其四，从宗教角度而言，该词尤其受到佛教思想传入中国的影响。

彭玉平教授以中国古典文论中的皎然、司空图、苦瓜和尚、王士祯、袁枚等为例，指出“境界”不仅是感官所感知的物质世界，更包含了“境界”的意义范围。概言之，中国古典文论中“境界”一词是感官所感知的范围和意义。中国文学史上，诸家对“境界”的使用仅是偶然之举，而真正重视并将“境界”概念作为核心范畴去成体系地建构的人，首推王国维。

一个词的概念史是漫长的，随着时间的推移，其义涵也不断地丰富，加之中国人的思维较为“随性”，有时抛出一个概念而不加以解释，故后人在使用时常“形似”而未必“神同”。因此，对一个概念进行准确的界定是一件困难的事。这种现象便出现在对王国维“境界”说的误读之中。简单来说，“境界”说的语源与王国维“境界”说的语源，是两个不同的学术问题，不能混杂思之论之。

二、“诗不能道”

彭玉平教授认为，应该先从词中论“境界”。目前追溯到的距离王国维时代比较近的词论为清代初年刘公勇的《七颂堂词绎》，书中重点从词这一文体出发论述“境界”。尽管诗、词两种文体经常放在一起讨论，但实际上却截然不同。诗这种文体限定了它的表达范围和表达方式，故无法体现词之境界，所谓“词中境界，有非诗之所能至者，体限之也”。王国维首先从文体角度认为诗的境界更开阔，词的意味更深长，两种文体各持胜场，构成了王国维“境界”说理论的潜在来源。很有意味的是，王国维手稿里的这一则在第一次发表时居然被删掉了，但类似的意思还是以不同的方式保留了下来。文体差异与文体高下，早已是中国古代文论关注的话题，虽然王国维在这一理论的背景之下，并未明显呈现出高下，但“高下”之论，其实在一部《人间词话》中多次呈现，如隔与不隔、有我之境与无我之境、大境与小境等，在王国维尽量理性的分析中，依然可以见出他的高下之意。即第一则以“境界为最上”，就知道王国维的理论特点，在悬高格的同时，一定也关注其次的。或者说，这种“其次”的状态更具有常态的意味。理论的旗帜总是要高举的，但理论能够充分照耀到的，还是在旗帜之下的部分。王国维的精明就体现在这里，我们读者也要注意到这种高悬与低照的关系，至少不能简单化地去理解。

三、饶宗颐的评论

饶宗颐对王国维的“境界”来源有诸多批评，不少却来自其对王国维文本的误读。如饶氏以为王国维“唯自道‘境界’二字由其拈出，恐未然耳”；批评王国维以“血泪”观念论词；批评王国维词论伤在“质直”等说。

彭玉平教授则对饶氏之论一一进行辨说，如针对饶氏批评王国维“境界”说非其独创时，认为王国维之前虽有不少文本论“境界”，但作为词之“本”的说法为王氏独创。如饶氏批评王国维论词“血泪”一说，彭玉平教授则认为，词虽尚婉约，但此处王氏所言，实为个人情感与群体情感之间的关系以及情感程度与范围的问题。再如饶氏对王国维在“质直”与“隔与不隔”上的批判，表面体现出的是其与王国维之间审美的差异，实则一方面涉及中国古典文学中“用典”修辞的问题，另一方面也与王国维的“质直”说只关涉咏物词有关。

中国古典文化特别讲究“言外之意”。所谓“言外之意”指的是形式中洋溢出来的意蕴或者审美，让人有一种“咀嚼”的空间，而非一眼便可洞穿。因此无强烈的情感冲动，则无法创作出令人感动的作品。而饶氏认为王国维论词之病不在“隔”而在“晦”，这是比较恳切的。据此，彭玉平教授进一步认为，王国维所认为的妙词，首先需要有真挚强烈的情感作为创作动力，其次“隔”与“不隔”的词作，王氏两不取，他认为真正的妙词乃“介于隔与不隔之间”。

王国维受德国古典哲学影响颇深，学者追溯其思想来源，多认为其思想来源于此。但彭玉平教授则列举史料证明，王国维的诸多思想观念，实来自中国古典思想。王国维一生都在努力寻找中西哲学的共同之处，他读西方哲学时感觉其逻辑性强，阅读体验十分愉快，但得出的结论往往令他不能接受，正所谓“可信者不可爱，可爱者不可信”。其相关思维特点和研究结论在《静庵文集》中体现得尤其鲜明。彭教授认为，关注王国维的早期思想者，可细读、深思这部《静庵文集》。

王国维的哲学，诚然是站在中国大地上的学问。但饶氏亦有其论，他举邵雍之例，认为王国维的“观物”之论来自邵雍，并据此批评王国维所谓“有我”与“无我”问题，“乃哲学形上学之态度，而非文学之态度”。彭玉平教授认为，此论固然恳切，但也要看到王国维在其生命历程中曾经有过的对哲学思想的钦慕和追求。王国维从哲学到文学的学术痕迹是非常清晰的，所以哲学与文学，在王国维那里应该兼顾而言，不宜分开，更不宜两相对立。饶宗颐是一代通儒，理论与批评颇具“方”的特点，这是他的胆魄和识略，值得人们敬佩。但外方而内圆的理论，是彭教授个人比较崇尚的，因此，彭玉平教授谦逊地表示，在这场讲座中，他也“斗胆”说一点自己很可能不成熟的看法。

四、王国维“境界”溯源

彭玉平教授指出，追溯王国维的“境界”范畴，应该考察王国维本人的阅读经验和思想历程。王国维乃一代通家，其阅读书目遍涉经、史、子、集四部。早在1901年1月，王国维就曾经翻译过《日本地理志》一书。

在这本书中，“境界”的定义是“境之界”，指的是国土在不同方向的边界所在。王国维在1901年出版的译作《算数条目及教授法》也对“境界”有所定义，指的则是抽象的算术知识的范围。彭玉平教授认为，王国维早期对“境界”一词的使用，并无其后期思想中所包含的哲学、美学义涵。从地理学的边境之界到抽象的知识范围，这就是王国维早期思想中“境界”的具体内涵。

1904年初发表的《孔子之美育主义》一文，是王国维丰富、提升“境界”概念义涵的标志性文献。在此文中，王国维不仅多次使用“境界”一词，并且将康德、叔本华哲学中“无欲之我”观物时对利害关系的超越作为审美人生的追求目标。同时，席勒将人生境界分为物质境界、审美境界、道德境界三种，某种程度上也启发王国维后来的“三境界”之说。这篇文章中的“境界”说，主要还是就层级分类意义上而言的，初步具备了美学意义。

从语源上追究“境界”的源头，那是境界作为范畴或理论的源头。这一源头可能与王国维有关系，也可能与他毫无关系。若追寻王国维“境界”说的源头，则需要王国维阅读过或使用过的切实文献来做直接的支撑，这才具有真正的学术意义。

五、“有我之境”与“无我之境”

彭玉平教授进一步说明“有我之境”与“无我之境”的区隔，他认为一般文人雅士最多可做到“有我之境”，而“无我之境”则需要“豪杰之士”方可成就，而在王国维的语境中，“豪杰之士”就是艺术创作中的天才。豪杰之士的特性除了天才、学问、德性之外，也有对文学才能的特殊要求。所谓“以自然之眼观物”，乃是以超越利害之心去观察外物之意。而王国维的“境界”之说，基本元素为情与景，既有景物之境界，也有感情之境界，而文学之境界乃是将景物与感情之境界融合而成的新的境界。这个解释看似简单，其实内里蕴含了非常丰富的可能性。

在王国维看来，这便是物我关系。在王国维的语境之中，“有我之境”与“无我之境”的分判，是以创作主体在创作过程中的情感是否心境平衡为主要依据的。在王国维看来，喜怒哀乐已发却不见端倪，才是其心目中“无我之境”的典范。彭玉平教授说，创作出“无我之境”词作的，理论上是具有哲学修养的人，抑或是具有哲学追求的文人。在王国维的价值体系中，“无我境界”比“有我境界”更高。一篇文学作品往往很难整体呈现出“无我之境”或“有我之境”，反而常常呈现出比较夹杂的状态。其实回到生活层面，这种错杂的情况才是常态，文学的常态也往往接近生活的常态。

六、“境界”内涵

彭玉平教授结合自身二十年的阅读经验，认为王国维是一位“骄傲的词人”，而深长思之，这种“骄傲”是有道理的，因为他开创了一种如何在文学中系统表达哲学话题的创作实践。

在王国维的“境界”体系中，首先，“境界”是王国维悬格甚高的一种对词体的审美标准，故用“最上”界定之。其次，“境界”必须内蕴格调，外有名句。格调源于词人之精神底蕴，以学问与德性所化成之人格才是“境界”说的底蕴所在，人的境界是词的境界之基础，名句则是王国维“境界”说的结构单位。最后，王国维“境界”的审美标准的渊源是从五代北宋而来，故其看轻南宋词风，这是王国维裁断词史的标准。彭玉平教授指出，此一见识潜藏着一股强烈的复古倾向。其优点明显，缺点也明显。

除此之外，彭玉平教授还以“红杏枝头春意闹”一句说明中国古代诗词中“炼字”手法的重要性，而此手法的核心指向“自然”二字之于“境界”说的重要性。所谓“以自然之眼观物”乃是以超越利害之心去观察外物之意，而“以自然之舌言情”乃是用生动真切的语言来表现景物及感情之意。传达得不自然，要么作者感悟不到位，要么是其语言能力有缺陷。相应地，从传播和影响的角度来说，自然是“铁门限”。任何的艺术、极致的美，都一定深度融合了自然的元素。

这两重的“自然”，其实都是为了将景物之“真”与感情之“深”充分地表现出来。但无论是景物之真还是感情之深，都需要借助自然明晰的语言和意象来表达。质言之，王国维的“境界”是指词人在拥有真率朴素、超越利害之心的基础上，通过寄兴的方式，用自然明晰的语言，表达出外物的真切神韵和作者的深沉感慨，从而体现出广阔的感发空间和深长的艺术韵味。这一结论，需要综合考察王国维分散在不同地方的话语才能有所发现。当然具体到不同的作品，境界会有所侧重，很难找到完整体现这多重含义的“完美”作品。

王国维的理论其实充满着对现实的针对性，或者说具有很强的“革命”精神。他目标直指晚清以来崇尚南宋词的风气，所以力主回复五代北宋词风；他直面晚清士人面对的人生困境，所以要以文学来表现哲学，反思人生的种种问题。他的努力简单来说，是要将“可信”与“可爱”并在一起。从这个意义上来说，王国维是有一种时代的责任感和使命感的。我们看惯了王国维晚年长衫、长辫的“遗老”形象，其实他在三十岁之前，完全就是那个时代的先知先觉先行者。只是王国维的一生，早期与晚期差异比较大，而其晚年的形象又更深入人心，以至于很多读者会忽略了他早年的斗志和意气。其实，王国维真的年轻过的。

七、交流互动

讲授持续两个小时，但在场慕名而来的各院系师生仍然“蓦然回首”于王国维的“境界”之中。陈少明教授进行简要的点评与分享，认为虽然王国维的“境界”说主要集中于文论及词学观念上，但“境界”一词在思想观念中早就被广泛应用。在有哲学背景的人看来，“境界”一词所涉为空间概念，而人如何感知空间概念，最重要的经验来源便是人类的视觉。人类通过视觉感受空间的存在，而在视觉的概念中，却有不同的词来表达，如“看”和“观”。这两个词虽然说的都是人的视觉行为，但“观”是一种比“看”更为深入的感知方式。“看”是描述一静态的、瞬间的、特定角度的视觉经验，但“观”是描述动态的、历史性的、综合的，是一动态的精神活动过程。从单一静态的“看”上升为动态的“观”，类似电影胶片的连续放映过程。在“观”的过程中，人都具有一背景，因此当“看”的知识经验进入“观”的精神意识中，不可能是毫无背景的观看行为，而是有前提、有立场的“观”。“境界”问题亦如此，“看”的对象有可能是一致的，而“看到”的对象却各有不同，这便是“观”的奥妙。从庄子到邵雍，“观”都被作为一哲学问题进行讨论，但到王国维，“境界”则变成了一文学问题，从中也反映了哲学命题。

哲学系吴重庆教授表示，本系列的讲座，旨在推动不同学科之间相互交流，进而突破学科的壁垒进行思考。从本次讲座可知，士大夫写诗作词、画画写字，不一定是要成为艺术家，而是将天地自然作为一个修炼场，而修炼是有阶梯和过程的，“境界”则用以标识修炼阶段中的感受。修炼在本质上亦是道德践履，与王国维所讲的“道德境界”若合符节。而冯友兰提出的“天地境界”，实际上是为了巩固道德境界，从此角度而言，“境界”并无哲学家与文学家之间的分野，而是整个士大夫阶层共同面对的目标。而士大夫群体“用典”的行为，意在将其自身与普通人进行区隔，彰显其特殊性。

吴重庆教授进而问道，作词之人，尤其是追求“无我之境”的词人，是一群怎样的人？具备怎样的创作动机，是如何进行区隔的？彭玉平教授回应道，词的作者是多元的，尤其是词的全盛时期的两宋王朝，上至帝王将相，下至平民百姓都可创作词，但不是每个人创作的词都可传世，传世的作品大多数皆为文人所作，正所谓“从雅而俗可，从俗而雅不可”，主流的词作是“雅生态”。至于哲学与思想上的“境界”之说，则有待更多的学者去探究了。本次讲座主要围绕王国维、围绕词学来说，只是展现“大境界”说中的一个侧面。当然一种比较成熟的理论，总是可以从一个侧面通向另一个侧面的。从这一意义上来说，本次讲座的“境界”应该加上一个副标题——“从王国维说起”。

（整理：孙伟鑫）

“标识性概念”系列讲座第六讲

山　水

主讲人：渠敬东
主持人：陈少明
时　间：2024年3月11日
地　点：中山大学锡昌堂103讲学厅

渠敬东　1970年生，现任北京大学社会学系教授。主要著作有：《缺席与断裂：有关失范的社会学研究》、《现代社会中的人性及教育》、《自由与教育：洛克与卢梭的教育哲学》、*La Sociologue chinoise avant la Révolution*、《山水天地间：郭熙〈早春图〉中的世界观》、《风景的神迹：成渠斋藏透纳版画》、《希望的谬误：论透纳》、《改革与变奏：乡镇企业的制度精神》等。主编并翻译《涂尔干文集》（共10卷），主编《山水》辑刊，合编《中国社会学经典导读》《中国社会学文选》。在《中国社会科学》《社会学研究》《社会》等学术刊物上发表论文数十篇。

自然的构成是人的精神存在的栖居之所，是一切社会，特别是现代社会神、人、物相分离的状况得以重新弥合的关键所在。恰恰就这一点来说，中国文明有着丰厚的文化传统，从早期的山川祭祀到洞天福地的形成，特别是中古以降的山水系统的发育，构造了独特的文明DNA。

在山水世界里，儒道两家奠定了最初的思想形态。封建制解体后，士大夫逐步将儒释道不同的文明流脉相互融合，通过诗文书画等文化形式，构建了一个内在性的精神领域，兴起于魏晋，造极于唐宋。山水中的那份自然，是士人全心的构造，具有强大的文明传续性和超越性。山水天地间，自然是原道和仁政的心象。

在现代资本主义的浪潮里，天与地、山与水在具体的社会运行中渐渐失去了位置，随之，人也失去了在自然和宇宙中的位置。从中国传统的资源中去寻找化解现代危机的出路，一是在西方文明的总体框架内反思现代问题，二是将现代性重新“问题化”为传统问题，即在双重的超越上，重新构建完整的山水，重新构建中国人的宇宙观，重新构建中国人整全的超越世界。中国的山水，永远是我们文明复兴的必由之路。

世上从来就没有独存的山林

2024年3月11日下午3时，“标识性概念”系列讲座第六讲“山水”在中山大学广州校区南校园锡昌堂103讲学厅举行，主讲人为北京大学社会学系渠敬东教授，讲座由中山大学人文学部主任、哲学系陈少明教授主持。

陈少明教授首先向大家介绍渠敬东教授的治学背景。渠敬东教授深耕于社会学领域，研究偏向社会理论，近年来转向对艺术史和艺术问题方向的研究，具有广阔的研究视野。

一、天地交而万物通，上下交而天下邦

渠敬东教授首先指出，中国在经历封闭与开放以后，开始重新返回理解自身，借由标识性概念得以探索我们自己最原初的哲学问题。讲座中的“山水”并非指具体生活中的山水，而是具有文明构成意义的哲学概念。

涂尔干认为人的世界的存在根本并不只是在人身上，而在于宇宙观的图式，人世间的事需要借用超人世来理解，才能抓住命脉。法国最重要的汉学家沙畹在《泰山》中表明，中国的泰山等同于西方的西奈山和奥林匹斯山。为何我们文明的核心不是一个抽象的观念，而在于一座神圣的山岳？这需要从最早的先秦文献中寻找答案。

有关“绝地天通”的记载，可见于《尚书》《国语》。正是因为有“绝地天通”的转化，才使中国文明结构与西方的文明结构产生了重要的不同。在有河图洛书的时代，天人之间沟通是很顺畅的。后来九黎乱德，民神杂糅，使得天地秩序发生紊乱，即张光直先生所说的萨满时代趋于终结。绝地天通，即天子或君主统摄这种祭祀系统，从这个时候开始，王命和祭祀合成一体，即政教合一。“巫通天人，王为首巫”，颛顼改革缩减了巫觋群体的规模，祭祀活动变得专门化、职能化，赋予了氏族首领在人神关系上的垄断权。

《左传·桓公二年》《礼记·祭统》所载均体现了从巫到

礼的转变。《礼记·礼运》曰："王前巫而后史。"如李泽厚所说，这一转化的实质问题在于：如何从非日常活动（巫）变而为生活常规、社会秩序（礼），如何由自"绝地天通"以来为少数人垄断的活动（巫），变为多数人首先是社会上层普遍履行的活动（礼），如何由含有反理性的强烈的迷狂、亢奋心态（巫），变为含有更多清晰、理知因素在内的"诚""敬"心理（礼）。中国的神圣性究竟如何保持并且延续呢？回到沙畹所关注的泰山问题上，泰山作为沟通天地的中介，是帝王和民众共享的神所，既是封禅之地，也是民间信仰的中心，即国家政治和天地秩序最核心的支柱。

无论是李零秦汉祠畤的研究，还是汉学家提出的中国圣地学，抑或巫鸿所说战国秦汉时期从神山到仙山的转变，都表明中国山水的分布开始慢慢形成一套独特的系统。而到唐代，司马承祯和杜光庭确立了洞天福地体系，天庭与朝廷相对应，构成了一个双重系统。"山水"的重要性，就在这一系统构造的不断演化中得以体现。

二、政统与道统

渠敬东教授接着从士大夫的角度切入"山水"问题。秦汉之际封建解体、皇权确立，这种变迁可以说是政体从天子诸侯制度（贵族制）向皇帝制度（君主官僚制）的转型，也可以说是国家治理从封建制向郡县制的转变，或者从知识阶级的角度说，是从"大夫士"向"士大夫"的转换。

在费孝通看来，中国社会恰恰由此变化而出现了"所特具的一种人物"——士绅。他认为儒家的意识形态建设并未单纯停留在治理的层面上，“托古”和“修史”的目的是要将理论、史实、传说和神话加以混融整合，形成一种关于理想政治的系统性话语和图景，即“道统”。于是，“道统”与“政统”究竟是相互合一，还是彼此分离，便成了超出现实政治之范围、从根本上涉及文明之根底的标尺。

在这样的学说体系里，周公乃是政道合一的代表，他虽在摄政的意义上拥有着最高权力，但依然守持封建宗法的规范而最终致政成王。不过，周公的这一角色也预设了一种政道分离的可能性，儒家学说从周公引出孔子，竟然像宗法作为世袭政统那样，师表于“万世”，成为“素王”，不仅在孔子的履历中加入了“尼山降圣”“获麟绝笔”这样的神话要素，还要大兴庙祠，为后世千年的士子们祭拜瞻仰，这就构成了相对独立的道统。

道统之所以与政统有别，恰恰是因为二者的关联超出了制度与权力的层面，所谓的“双轨政治”只是政道分离的效果，而非原因。从现实社会的角度来说，政与道的关系，倒像是一种显与隐、进与退、露与藏的关系。既然是“道在师儒”，《论语》以“学而”开篇，强调的重点就是“笃信好学，守死善道”；而这一原则与现实政治的关系，即是“危邦不入，乱邦不居 ”；具体到师儒们的行动选择，则要“天下有道则见，无道则隐”（《论语·泰伯》）。也就是说，在“匪兕匪虎，率彼旷野”的乱世中，“道”之“大修”，并不在于“居位”和“行事”，而在于“自修”和“归隐”（《史记·孔子世家》）。孔子所说“邦有道则仕，邦无道则可卷而怀之”（《论语·卫灵公》），便是此意。隐退山林，成为士人在政道分离情况下的一种选择。

三、城市、乡镇、山林和江湖

钱穆认为，就中国社会的形态学分析而言，则需要从城市、乡镇、山林和江湖四个方面来理解。前两者不难懂，城与市当然是政与商的中心，封建制中都邑有城，郡县制最低至县，所谓“县城”，其分布两千年大抵不变，是国体的基础。到了社会的基层，城之四围为镇，镇之四围为村，农民耕织生产，聚族而居，“民惟邦本，本固邦宁”（《尚书》），乡镇既是整个国家的生养之源，又有着宗法和乡族治理的浓厚氛围 。

而所谓江湖，则可以说是“大社会”中的“小社会”，其形成过程本身就是一种以民间自发的建构路径重构社会结构的尝试。江湖多游侠义士，从荆轲到梁山泊的豪杰，他们都是任侠传统的化身，他们或独行天下，或聚众举义，企图以激进的行动替天行道，匡复正义。当然，一旦他们从隔离的世界中重返现实，投入城市或乡镇中来，便会转化成为帮会组织。

当然，城市乡镇之外不仅有流动的江湖，还有山林。既称作山林，便是山重水复、层林密草的自然，郭熙讲的“林泉之志，烟霞之侣，梦寐在焉，耳目断绝”，意境犹在此处。这片人迹罕至的清净之地，是归隐修行的好居所，也是佛寺道观的藏身处，所谓名山大川或洞天福地，都是“非社会”的区域所在。

钱穆说，“儒林中亦有终身在山林者”，东汉初年严光隐居富春江上，宋初孙复、石介在泰山，清初王夫之终身山林，皆影响甚大。这同时说明，归隐者从来都不是不谙世事的，相反，唯有山林才能让人得到真正的清明。逸民可与儒林相抗衡，而实亦出于儒林，为其别支。故儒林之在城市，亦多慕为隐逸者。说明中国文化之最高理想，与其最高精神，乃在通天人内外。

四、中古之变

历史由两汉经三国而入两晋，此虽是政治中衰之际，但亦是文化新生之时。随着汉帝国儒教意识形态的瓦解，经学烦琐僵滞的学风亦受到士大夫的质疑。玄学家痛斥名教的伪善，以自然之通达而追寻天地之逍遥。如在郭象的眼里，儒道之别似乎也没那么绝对，对圣人而言，身居“庙堂之上”，犹如心在“山林之中”。山水成了士大夫沉潜与游放的“清旷之域”，成了超拔于现世的更为整全永恒之世界的依托。如宗炳的“以形媚道”说，又如孙绰、王羲之和谢灵运等人对于会稽山水的感发。

陶渊明是一位决定性的“范式转换者”。陈寅恪认为，对于名教与自然关系的总清算以及由此形成的全新世界观，突出地体现在《形影神赠答释诗》之中。在陈寅恪看来，“形”与“影”之间的赠答分别代表了对旧自然说和名教论的看法。陶渊明在调和自然与名教的基础上，给出了一种新的人性孕生、表达和实现的方式。由陶渊明开启的士大夫由自然而内观的哲学探索，随后在南朝颇具反思性的文化气氛中逐渐理论化了。道之所存，往往体现于文学艺术的生发和研习活动中，也体现在随顺于自然造化的生活方式中。

如刘勰在“神思”一篇中提出“思理为妙,神与物游”，“神”从来不是超然物外的，只是居于胸臆之中，是人的心志和气质使然，“物”亦不是客观事物，而是由感觉而经语言形成的心灵投射。这一切，皆是因为“神用象通，情变所孕。物以貌求，心以理应”。又如谢赫“六法”，虽篇幅短小却是士大夫如何表现自然造化之功的精要概括。又如王维隐居终南，辋川别业，即目所见和即兴所感，却又超然物外，将入世的感悟与出世的情味交互展现。北宋郭熙《林泉高致》山水系统的确立，也体现出了这种“外师造化，中得心源”的意味。随之，渠敬东教授借用范宽的《溪山行旅图》，向大家说明郭熙“三远”“三大”笔法中所体现的这种人与自然的关系。

五、山林的多重社会交往

山林及山林中的逸民隐士往往会引来成见和误解：一是认为唯有人踪皆灭的山林才是士人的隐居之地，这是一种自然主义上的避世论；二是认为只有彻底规避社会，断绝与所有人的交往，才能做到一尘不染，顺乎悠游自在的天性，这是一种伦理学上的绝世论。韩愈曾讽刺说：“山林者，士之所独善自养，而不忧天下者之所能安也；如有忧天下之心，则不能矣。”孔子也早就做过这样的提醒。

《论语·微子》篇中，孔子一行路遇隐者长沮和桀溺，子路上前问津，不料引发了他们的盘问和嘲讽，认为乱世中理应避世。而孔子的主张很清楚，归隐的目的不是与鸟兽同群，把自己仅作为自然的一份子，虽然天下无道之时，君子当“卷而怀之”，但之所以要这样做，恰恰是为了改变社会。

从这个角度说，世上从来就没有独存的山林，也没有单一的道统。出世和入世、山林与社会总是相伴而生的；士人于乱世中归隐，目的并不在于自我保全，对“人世间”或“人间事”也非闭目塞听。从广义人文的角度讲，山林并不只是隐士的修行之地，而与王朝的政治命运和天下图景密切相关。

从山水的国家性来说，从两周到秦汉，山川祭祀蔚然发展。秦汉大一统，既整合了战国以来东西两大祭祀系统，又奠定了一套独特的宇宙论模式。魏晋以后，此一传统继续传承，禅礼活动中符瑞多现，山神庙主也往往伴有各种灵验的事迹，神巫代言天命，以“降灵宣教”的形式发挥着社会政治作用。

从山水的宗教性来说，在众神的山川中，洞天福地、寺院道馆纷纷兴起，山林成了南北流民的“神仙”崇拜的传递之所，也成了宗教信仰及知识的聚散之地。

从山水的社会性来说，山居世界的“不死之福庭”，既是神主的府第，又是智慧的学园，这一独特的文化场，构成了别于现实世界的另一个政治中心，不仅与城市和乡镇保持物质生活的往来，更是在精神生活上组建了与朝廷、官员和民众之间的多重、多形态的互动圈。

在讲座的最后，渠敬东教授为大家详细解读了赵孟頫的《鹊华秋色图》，借以表明文人用复杂的笔法与布局，将自我的窘困与内心的矛盾真实地托付于笔下的山水之中。任何一个文明体的存在，都不能仅仅局限于实在的社会性的保持和发展，还必须拥有一种超越性的心灵和精神，化育成具体的历史和人，构筑成连续的生命而存续。

六、交流互动

陈少明教授首先对讲座进行点评，认为渠敬东教授的报告可以用丰富、生动和深刻三个词来评价。

首先，每个人都对“山水”有一个模糊的印象，但难以从多维度的角度对此问题加以理解，用这一个概念将天地自然、宗教、政治和艺术贯穿到一起。其次，人类对山水的态度是矛盾的，一方面人创造出城市来远离山水从而保护自身，可是另一方面在外漂泊的人又总是会回到家乡，怀念最原初的地方。针对这样一种情况，极少部分人会选择归隐山林，大多数的人都会选择将山水转化为某种精神符号。再次，陈少明教授认为，我们虽然只能选择某一个专业，但内心要在各个学科中游荡。

现场学生提问主要围绕三个方面，即山水问题如何得以进入学术视野、中国山水概念和西方风景概念的区别，以及山水画脱胎于人物画后是否会有所失去。渠敬东教授认为每个人都要回到家乡，学者也要做有根的学问，山水某种意义上就是家乡。山水与风景自然有相通之处，但就研究对象来讲，需要研究者在不同文明中看到它们基本的构造的不同，需要展现其中的超越维度。中国人想要传达某种理念，一定是在个体上做出很多有机转化后再呈现出来，需要在举手投足中显露而并非只是空谈道理。至于山水画与人物画之间，并非呈现出决然对立的关系，从更大的文化肌理上来看，人们都是与古为徒，不能单线条地去理解历史。

李兰芬教授提出，魏晋时期有很多人物都曾围绕山水展开讨论，他们之间对山水的理解有何不同？渠敬东教授认为，文学领域通常将谢灵运称之为山水诗人，将陶渊明称之为田园诗人，但真正使山水在文化意义上发生转变的是陶渊明，他的诗歌已经超越了在具体层面上去探讨山水和人的关系。

吴重庆教授提出，寺庙往往远离村落而修建于山中，这是否在某种程度上出于方便世俗信众在朝拜过程中也可以稍稍脱俗游观的考量？渠敬东教授表明，山林所承载的多元系统可以把朝廷、士大夫和百姓的信仰联结在一起，距离的远近往往都是依据相应的规划。如泰山具有两性的特征，既是帝王的封禅之地，因泰山对应碧霞元君，又是后宫女性的信仰之地，其复杂之处正在于此。

（整理：崔洺睿）

"标识性概念"系列讲座第七讲

雅 俗

主讲人：陈伟武
主持人：陈少明
时 间：2024年3月25日
地 点：中山大学锡昌堂103讲学厅

陈伟武 1962年生，广东澄海人。现为中山大学中文系教授、博士生导师，教育部长江学者特聘教授，中山大学人文学部副主任、中山大学饶宗颐研究院执行院长。兼任中国古文字研究会副会长、中国文字学会常务理事、澳门汉字学会副会长。

主要从事古文字与出土文献、汉语史的研究，主持国家社科基金重大项目"战国文字诂林及数据库建设"，著述有《简帛兵学文献探论》、《愈愚斋磨牙集——古文字与汉语史研究丛稿》、《愈愚斋磨牙二集——古文字与古文献研究丛稿》、《愈愚斋杂俎》、《出土战国文献字词集释》（合作主编）、《南越陶文录》（合作）等。

"雅"与"俗"，是一对贯穿古今，涉及社会文化生活方方面面的概念。在对中华传统文化特质进行分析时，免不了要就分析的对象作一种价值评判，“雅”与“俗”就是一个重要的评判标准，犹如现代医学的内窥镜，可以照见评判对象的正邪高下。

中国古代文明大约形成于公元前21世纪的夏朝，而成熟于公元前11世纪的西周时期。“雅”与“俗”的对立，在西周时期已初露端倪。“雅”本指雅正、规范，又专指雅乐，即西周一种典雅的乐歌，在中国第一部诗歌总集《诗经》中又分《大雅》和《小雅》，后来“雅”衍生出高雅、典重、美好等含义。“俗”本指风俗、习俗，引申出平凡、通俗、浅俗、低俗、恶俗等含义。

从“雅俗”视角讨论文物、礼俗、文字、语言、文学和艺术，“雅”与“俗”存在地域和时代的差异。“雅”与“俗”相对立，又互为依存。从传统中挖掘出中国智慧，用高雅、古雅、清雅改造凡俗。“雅文化”要普及，“俗文化”要升华，铸古出新，真正做到大俗大雅，雅俗共赏。

文化评鉴，端在“雅俗”

2024年3月25日下午3时，“标识性概念”系列讲座第七讲“雅俗”在中山大学广州校区南校园锡昌堂103讲学厅举行，主讲人为中山大学人文学部副主任、中国语言文学系陈伟武教授，讲座由中山大学人文学部主任、哲学系陈少明教授主持。

陈少明教授首先作了一个简短的引言。他说，“标识性概念”是一些对理解中国文化或者是中国文化中某些领域有帮助的概念词汇。之所以说“标识性”，是指它是中国文化特有的，且不一定存在于其他文化中。相较于前几讲的“食货”“道器”等概念，“雅俗”更为日常普遍，它几乎贯穿于我们文化所有的领域。但当一个日常用得最多、人们最不经意的词汇成为学术讨论对象时，它就变成了一个不是那么容易处理的问题。陈伟武教授作为古文字学专家，从其自身研究视角重新检视这组日常词汇，将为我们带来一场别开生面的讲座。

一、“雅”与“俗”

陈伟武教授首先指出“雅”与“俗”作为一组对立概念，在西周时期已初露端倪。“雅”本指雅正、规范，又专指雅乐，即西周一种典雅的乐歌，中国第一部诗歌总集《诗经》中就有《大雅》和《小雅》；后来“雅”衍生出高雅、典重、美好等含义。

《毛诗序》言：“雅者，正也。”《文心雕龙·颂赞》言：“风正四方谓之雅。”《论语·述而》言：“子所雅言：《诗》、《书》、执礼，皆雅言也。”“雅”后衍生成为一个正面评价词汇。如《史记·司马相如列传》言：“从车骑，雍容闲雅甚都。”《颜氏家训·书证》中形容君子言“大雅君子”。后世又发展出“雅量”“雅怀”“雅座”“雅致”等雅词。

“俗”原指习俗、风俗。《说文·人部》：“俗，习也。从人谷声。”《礼记·曲礼》：“入国而问俗。”《毛诗序》：“先王以是经夫妇，成孝敬，厚人伦，美教化，移风俗。”又由“风俗”转指平庸、庸俗，引申出平凡、通俗、浅俗、低俗、恶俗等含义，成为一个负面评价词汇。如《庄子·天下》：“不累于俗，不饰于物。”苏轼《于潜僧绿筠轩》诗：“人瘦尚可肥，士俗不可医。”“雅”“俗”之分，高下立判。

二、“雅”“俗”的相对与相涵

陈伟武教授继而以“雅俗”视角讨论文物、礼俗、文字、语言、文学和艺术，指明“雅”与“俗”作为贯穿文化各领域的一组概念，存在地域和时代的差异，“雅”与“俗”既相互对立，又互为依存。

就文物论，通过对一系列文物图片的欣赏，陈伟武教授指出文物作为古雅之物，里面蕴含着许多俗文化的元素；同时当实用之物褪去实用性成为审美之物时，也就从日常俗物转为典雅之物。

就礼俗论，礼俗即为雅俗。“礼”在古代的国家政治生活和普通民众生活中都占有重要的地位。《周礼》《仪礼》和《礼记》对于“吉、凶、军、宾、嘉”五礼有着系统而周详的阐述，甚至形成一门专门的学问——礼学。只要合乎礼制、仪节和礼书的行为规范，就是“雅”的行为，否则就是“俗”“野”“鄙”。然而礼俗之间并没有严格的界限，如《孟子·离娄上》言：“男女授受不亲，礼也；嫂溺，援之以手，权也；嫂溺不援，是豺狼也。”此外，对饮酒的态度也可见礼俗并非一定不易，而是具有时空性。如《尚书·酒诰》将戒酒提升到关系国家生死存亡的高度来论述，而北京大学藏秦简《酒令》、魏晋时期刘伶的《酒德颂》却将饮酒视为生活的一种游戏。

就语言文字论，孔子读《诗》《书》及执礼都是使用“雅言”，即规范的语言。所谓规范的语言，其实就是通语，而不是方言。不仅语言，文字从产生之日始，即有繁简之别，也有正体俗体之分。

诚如启功先生所说："每一个时代中，字体至少有三大部分：即当时通行的正体字；以前各时代的各种古体字；新兴的新体字或说俗体字。"语言文字的雅俗也随时间发生转化。陈伟武教授举了几个生动的例子。如"变态"一词，古义指动态、事态变化。屈原《九章·思美人》："吾且儃佪以娱忧兮，观南人之变态。"刘禹锡《谢手诏表》："鸾凤騫翔而变态，烟云舒卷以呈姿。"现代"变态"指动植物的形态变化；也用作贬义词，指人的生理、心理行为不正常。又如"待诏"，在汉代指等待皇帝诏命；唐代用为官名，如翰林待诏；宋代民间尊称手工艺人为"待诏"。此外，俗语言也存在雅化、驯化的现象。

就文学论，文学是表情达意的工具，当然应以雅正为本，所以刘勰《文心雕龙·情采》篇说："故情者文之经，辞者理之纬；经正而后纬成，理定而后辞畅：此立文之本源也。"梳理各时代的文论，"古雅""高雅""雅正"都被视为文学评价的一个重要维度。

吴承学先生曾经专门论述过"人品与文品"的关系，特别提到清代诗论家叶燮的"胸襟"说，"诗之基，其人之胸襟是也……"强调"叶燮所指的'胸襟'，既不单纯指儒学修养，也不仅指名节品行，而是指具有高超思想境界、人生识见与审美理想的作家的主体意识"。文学的"雅"，固然不能与"胸襟"等同，但确实包含了"胸襟"之类的内容。

就艺术论，书法、绘画、音乐、戏剧、雕塑等艺术都有雅俗之分。这里主要以音乐与书法为例，展开论述。音乐之雅，如古人常用"黄钟大吕"来形容音乐的庄严、正大与和谐。音乐之俗的直接代表便是“郑卫之声”。如《荀子·乐论》：“姚冶之容，郑卫之音，使人之心淫；绅、端、章甫，舞《韶》歌《武》，使人之心庄。”扬雄《法言·吾子》：“或问：交五声十二律也，或雅或郑，何也？曰：中正则雅，多哇则郑。”“雅”与“郑”从正乐与淫邪之乐引申为正与邪，如《文心雕龙·体性》：“然才有庸俊，气有刚柔，学有浅深，习有雅郑，并情性所烁，陶染所凝。”书学史上也以雅俗作为书法的重要评价。

陈永正先生对中国书学史上的“雅”与“俗”作了系统的论述，他说：“直到唐代，书论家才谈到‘雅书’的问题。……古人论雅书的词汇，有古雅、闲雅、和雅、淳雅、澹雅、逸雅、韶雅等，而以‘古雅’最为书论家所重视。”但是，雅俗评价存在主观性。以王羲之书法为例，明代学者王世贞将王羲之书法视为古雅的代表，赞其“自古雅”“黯淡古雅，出蹊径之外”等，但韩愈《石鼓歌》却言“羲之俗书趁姿媚，数纸尚可博白鹅”，相似地，张怀瓘《书议》也说“逸少（王羲之）草有女郎材，无丈夫气，不足贵也”。可见雅与俗，在不同的人眼里，可能大相径庭。

三、以“雅”化“俗”，化“俗”为“雅”

无论古今，雅与俗的对立，无时不在，无处不在。雅俗的相对性，使其成为评价中国传统文化特质的一面内窥镜，可以照见被评判对象的是非高下。同时，雅俗互为依存，互相转化，又蕴含着化俗为雅的可能。诚如清代李渔《闲情偶寄·戒浮泛》所论：“极粗俗语，未尝不入填词，但宜从脚色起见。……又有极粗极俗之语，止更一二字，或增减一二字，便成绝新绝雅之文者，神而明之，只在一熟。”粗俗用语并非不能用于词曲中，但要适合角色身份。并且，极粗极俗之语也能成绝新绝雅之文。

陈伟武教授最后总结道：“‘雅俗’有不同层面的差异：客观事物的雅俗——社会群体或个体精神气质的雅俗——艺术作品韵致格调的雅俗。对人、事、物的雅俗评鉴，可能包含比较复杂的因素，如对政治、经济、道德、文化、心理、情感、精神等层面的认知。”并寄语：“处在中华民族伟大复兴的新时代，我们任重而道远，一定要努力弘扬古代文明中的优秀传统，从传统中挖掘出中国智慧，挹注新的时代精神，用高雅、古雅、清雅去改造凡俗，‘雅文化’要普及，‘俗文化’要升华，铸古出新，真正做到大俗大雅，雅俗共赏，建设繁荣昌盛的社会主义新文明。”

四、交流互动

陈少明教授首先对讲座进行简要点评，认为陈伟武教授的报告让我们生动地看到一个日常简单词汇背后的复杂性与丰富性。“雅俗”问题于我们而言，不能只是看到这个概念背后的现象，最主要的还是要知道雅跟俗的转化。陈老师又补充道，学术也有雅俗。论文选题的俗，是做学问最大的问题。俗是人云亦云，之所以学术之俗不可行，是因为学问要求必须有知识的创造。如果我们对“雅俗”有充分的意识，并把它贯彻于我们的日常生活中，那么我们的为人或是文化，也许都会变得更好。

周春健教授分享了他从这次报告中获得的有关学术方法的启示：对文字的解读，对字义词义的分析，能够帮助我们重新理解经典的一些涵义。周老师还提问，从历史演化流变的角度看，“雅”大约何时由“正”的含义，演变为现代观念上与粗俗相对的高雅之义？对此，陈伟武教授回应，语言学上有所谓词本义，“雅”的词本义就是雅正，但雅跟俗的对立在先秦就已存在。

除了老师的分享讨论，学生们也积极参与提问。有学生提出雅和俗除了交融的一面，是否有严格的区分？陈伟武教授肯定雅俗之间确实有对立斗争，并以自己生活中的例子说明以雅化俗的局限性，说明雅俗有时确然存在无法共通的鸿沟。还有学生提出如何看待普通大众把先秦上古的东西都视为典雅这一现象？陈伟武教授风趣地回应，也有人把古文字看作是“垃圾文化”，从不同人对古文字不同的态度，更可见雅俗概念的相对性。

（整理：林梦佳）

“标识性概念”系列讲座第八讲

政　法

主讲人：侯　猛
主持人：吴重庆
时　间：2024年4月22日
地　点：中山大学锡昌堂103讲学厅

侯猛　中国人民大学法学院教授、博士生导师、法律与社会跨学科研究中心主任、《法律和社会科学》主编，教育部“长江学者奖励计划”青年学者。主要研究领域为政法研究、法的社会科学研究、马克思主义法理学研究，尤其擅长司法运作过程的定性研究，在法学知名期刊发表论文百余篇，出版著作多部。

在学术研究之外，侯猛教授长期推动法的社会科学研究在理论界与实务界的接受和展开，主持、参与了“社科法学研习营”等多项卓有成效的学术交流活动，悉心栽培法律实证领域的青年学者，是中国社科法学最具代表性的学者之一。

“政法”是中国共产党在革命、建设、改革时期领导法治过程中所形成的话语表达。新中国成立以来政法话语的流变，首先体现在其概念外延，即“词与物”关系的不断变化，目前“政法”概念的所指基本集中在审判、检察、公安、司法行政和国家安全事务上，本质上体现的是话语-权力关系的重新确立和不断塑造。党领导建立了各级政法机关，确立了马克思列宁主义的法律观，形成了以阶级、专政、群众路线、国家安全、两类矛盾、社会治理等关键词在内的一整套政法话语体系。这套政法话语与宪法话语并无根本冲突，二者各自发挥功能，可以共同纳入社会主义法治体系话语之内。

当代中国的政法体制是在历史演进中逐渐形成的。它主要包括两个方面：在条块关系中，是以块块管理为主的同级党委领导体制；在央地关系中，是党内分级归口管理和中央集中统一领导体制。研究中国的政法体制，仅以具有普适意义的现代西方法治概念来理解是不够的，还需要运用本土概念深描中国的法律经验事实。在此基础上，才有可能反思、提炼和建构“关于中国”的社会主义法治理论。

作为理解中国的“政法”

雨生百谷，“政法”开讲。

2024年4月22日下午3时，“标识性概念”系列讲座第八讲在中山大学广州校区南校园锡昌堂103讲学厅如期举行。主讲人为中国人民大学法学院侯猛教授，讲座由中山大学哲学系教授、人文学部副主任吴重庆主持。中山大学社会科学学部主任肖滨教授也出席了本场讲座。羊城谷雨惊雷纷纷，入穗航班大多取消，本次讲座不得已采取线上方式举行。

“标识性概念首讲‘人民’，这一讲又来到了‘政法’，我们对标识性概念的认识不仅要从中国悠久的传统与文化入手，还应从中国共产党执政以来的一系列实践出发……我们的‘公检法司’前都有‘人民’二字，充分体现了‘政法’概念的独特内涵。”吴重庆教授开篇主持便引入了“政法”概念讲座的设想由来，随即，侯猛教授以极具年代感的逐浪马列大楷体标题开启了讲座内容。

一、“政法”：作为理解中国的标识性概念

侯猛教授以“说词”“说事”“古今”“中外”四个角度探讨了作为理解中国的“政法”这一标识性概念。侯猛教授首先以南洋公学与北洋公学的设置为引，探讨了“政法”与相近概念“法政”背后的相异法律观。

鸦片战争后，有“中国高等教育之父”之称的盛宣怀上书清廷设置北洋公学（今天津大学前身），以培养工科人才，产业救国；设置南洋公学（今上海交通大学前身）以培养法政人才，思想救国，尤其是通过学习西方制度以重建中国政治制度。彼时盛行各省的“法政学堂”之“法政”一词很可能来自日本，就如“权力（利）”“法理”来源于日本一样。

不过，与旧民主主义革命时期的“法政”不同，“政法”并非效仿西学的结果，而是新民主主义革命时期，中国共产党用马克思列宁主义的政治法律思想重建新法统，推翻资产阶级的意识形态，以取得意识形态的领导权。“政法”概念以马列主义的国家观、法律观作为支撑，“法政”则以自由主义的法律观作为支

撑。因此，就构词而言，“政法”是政治法律的简称，而非政治与法律的简称。单以“政治”或“法律”，包括“法制”，都无法全面理解中国，“政法”一词恰好有助于理解中国。为此，侯猛教授还以1949年《中央关于废除国民党〈六法全书〉和确定解放区司法原则的指示》的文件精神作为典例。

侯猛教授言毕“政法”一词后，顺势考察“政法”所指之事。首先是溯源“政法”一词的使用起点。在马列主义意识形态的影响下，中国共产党在实际工作中使用“政法”概念，特指党领导下的相关法律事务和组织机构。例如，由中央全面依法治国办公室编写的《中国共产党百年法治大事记（1921年7月—2021年7月）》中，“政法”一词的第一次出现，是在关于中国共产党领导的1927年八一南昌起义的表述中，即“在起义中，总指挥部设立政治保卫处，作为人民军队政法保卫工作机构”。

在《大事记》中，“政法”一词第二次出现在1928年5月20—22日，毛泽东在宁冈茅坪主持召开的湘赣边界党的第一次代表大会上。会上成立了湘赣边界工农兵苏维埃政府，下设土地、军事、财政、政法等部。与1927年使用的“政法”一词相比，1928年出现的“政法”是中国共产党以革命根据地作为基础建立政权后，实行法律、创建法制，因而具有标志性意义。

有一种说法认为，官方开始广泛运用“政法”一词是从1949年开始的。1949年，中国共产党接管了有“北朝阳、南东吴”之称的朝阳学院，并在此基础上建立了中国政法大学，校名中的“政法”大概来源于贾潜的提议。其后以中国政法大学第一、二部为基础成立了中国人民大学法律系，以第三部为基础成立了中央政法干校，“政法”一词也被五所新成立的政法院校所采用。

不过，最近发现了更早的文献资料，其中，学者发现，在陕甘宁边区时期，“政法”一词就已经开始使用了。例如，中央档案馆馆藏1946年边区第三届参议会通过之提案中有“政法组”之说法，这表明在参议会成立的1939年，“政法”一词可能已经开始使用了。

具体到内容而言，2020年，侯猛教授在《学术月刊》上发表了《新中国政法话语的流变》一文，较为详细地说明了“政法”所指之事。新中国成立初期的政法工作范围十分广泛。除了公安、检察、法院、司法行政以外，也包括民政、立法、民族和监察事务。不过随着时间的推移，民政、立法、民族和监察事务逐渐从政法工作中剥离出去。简言之，新中国成立以来，政法概念所指之事始终未变的就是审判、检察、公安、国家安全和监狱。这也与《中国共产党政法条例》第三条所规定的政法单位一一对应，即主要包括审判机关、检察机关、公安机关、国家安全机关、司法行政机关。而民族、监察、立法、民政事务早先属于政法事务，但后来逐渐剥离，不再被认为是“政法”的核心范畴。

“政法”概念的古今对比，也是侯猛教授关注的对象。毛泽东在《读〈封建论〉呈郭老》诗中有句话，即“百代都行秦政法”。侯猛教授认为此处“政法”同现代“政法”的本质不同。传统“政法”与“礼法”“儒法”“宗法”的本质更接近。现代、传统“政法”的相同之处则在于都较为强调意识形态、社会规范与身份。

与传统社会强调尊卑有序不同，现代“政法”所强调的身份是“敌我关系”。正如《毛泽东选集》第一卷《中国社会各阶级的分析》中“谁是我们的敌人，谁是我们的朋友”的提问一样，即使在当今政法工作以及《政法工作条例》中，也仍然强调要正确处理敌我矛盾和人民内部矛盾的关系。“敌我的区分”依旧是“政法”概念的底色。“政法”概念既包含意识形态即马列主义，也包含社会规范，如2014年就已经包括在法治体系中的“党内法规”。

在事关“政法”作为标识性概念的中外交流问题上，侯猛教授比较了Political and Legal Affairs及Judicial and Law Enforcement的语言表征。Political and Legal Affairs和Judicial and Law Enforcement都摘自中央编译局编译的《中共中央关于全面推进依法治国若干重大问题的决定》及《习近平论依法治国》英译本中“政法”概念的有关翻译。前者用于“政法委员会”的翻译，后者常见于政法单位（Judicial and Law Enforcement Bodies）、政法工作（Judicial and Law Enforcement Work）、政法官员（Judicial and Law Enforcement Offices）的翻译。侯猛教授认为，“政法”作为中国自主知识体系的标识性概念，翻译为Judicial and Law Enforcement是不错的选择，虽然该译法仅保留了法律实施层面的功能意涵，但借助西方熟悉的术语，它不仅降低了跨文化交流的认知门槛，更能在自主法学知识体系的整体解读中自洽。同时，该译法源自中央编译局且广泛见于官方文献，具备高度的规范性与权威性。

二、“政法”：作为自主法学知识体系的标识性概念

开宗明义，侯猛教授认为“政法”概念还未能成为中国自主法学知识体系的标识性概念，并从政法法学、法学概念与法律概念、法律中的政法关键词，以及从政法到法治四个方面进行了说明。

政法目前还不是法学学科意义上的标识性概念，但在法学的学术研究中，侯猛教授认为政法法学已经成为法学概念。这得益于朱苏力教授的贡献。朱苏力教授将法学研究的流派（格局）分为三部分，即政法法学、诠释法学（法教义学）、社科法学。在他发表于2001年第3期《比较法学研究》的《也许正在发生——中国当代法学发展的一个概览》一文中，朱苏力教授认为政法法学的发展时期是自1978年至整个80年代，并在某种程度上一直延续至今。为了确立法学的自主地位，需要在政治上论证其合法性和正当性。这种法学话语批判了极左的政治话语，讨论了法律和法治的一些核心概念，其思想理论资源基本上是广义的法学（包括政治学），其中包括从孟德斯鸠、洛克、卢梭、马克思、美国联邦党人等，甚至包括从后来的韦伯而来的理论、现代化理论等。这些思想资源并不是近代意义上强调法律职业性的法律思想。简言之，政法法学的功能，是在于批判极左的政治话语，以确立法律话语的正当性。

侯猛教授由此引申指出，政法法学一开始就是指代古典的政治法律研究。此外，目前国内有关政法的法学研究还包括：国家法学，其重要的理论资源来源于卡尔·施密特的研究传统；批判法学，来自美国20世纪七八十年代的法学思潮。国内批判法学代表性人物是冯象教授，但他借助批判法学的传统，批判的是当下中国异化的法学思想。国内批判法学的另一个代表是强世功教授，他是目前在主流法学研究中持有批判法学立场的代表性学者，他的研究整合了美国传统的批判法学同德国施密特以来的国家法学。除此之外，还有马克思主义法学思想文本的研究，以及侯猛教授本人正在从事的政法的经验研究。而对政法进行经验研究就归属于社科法学的领域。

“政法”尚不是法学的标识性概念，在很大程度上是因为它不是法律的标识性概念。侯猛教授检索国家法律法规数据库发现，“政法”作为独立的词仅出现在《中华人民共和国人民警察法》的第二十八条中，即担任人民警察领导职务的人员需要“具有政法工作经验”。“政法”说到底是党内的政治话语、政治概念，而不是法律概念。但政治话语与法律话语并非完全不兼容。重要的政治话语已经转变为法律话语，因此法律中的政法关键词就值得考察。侯猛教授以现行宪法为例，分析了数个政法关键词，并简要探讨了“人民民主专政”“中国共产党领导”“公有制”“劳动”“妇女”“法检公”等政法关键词含义变化的历史进程。

侯猛教授提醒到，从政法迈向法治，不是政法话语使用减少的问题，而是因为在公开表述和对外宣传中更多提及全面依法治国、建设社会主义法治国家、中国特色社会主义法治等法治话语。“法治”，中央编译局翻译为rule of law，同英语世界的使用没有区别。从“八二宪法”第一百四十条规定公检法分工负责、互相制约办案开始，再到党的十五大将依法治国、建设社会主义法治国家写进党的报告、文件并纳入宪法，以及2004年第十届全国人大二次会议通过宪法修正案，宪法第三十三条第三款增加了“国家尊重和保障人权”的内容，即“人权入宪”，都在表明政法的内涵或者所要表征的内容与时俱进。从公检法到法治，再到人权，这些变化是对过去政法工作的反思与推进，这也让政法迈向法治成为一种可能。

此外，具有里程碑式意义的党关于全面依法治国的文献——

党的十八届四中全会的决定，特别是其中提出“加强和改进党对全面推进依法治国的领导”“形成完善的党内法规体系”，赋予了当代中国法治（法治体系）更为丰富的内涵。

就此而言，政法就具有三层含义：第一是意识形态，即马列主义法律观；第二是建政，包括夺取政权，新中国成立以后建立基层政权，建立人民代表大会制度；第三是社会稳定，这在两项重要的政法工作中得以体现，即“平安中国建设”和“法治中国建设”，“平安中国建设”在前，是因为建政与维护社会稳定本是一脉相承的关系。

三、以“政法”标识性概念推动建构中国自主法学知识体系

在结语部分，侯猛教授首先围绕强世功教授为青年学者邵六益《政法传统研究：理论、方法与议题》一书所写的代序《思考政法》展开。侯猛教授赞同强世功教授“小政法”与“大政法”的二分法。不过他也指出，强世功教授的“大政法”是指政治与法律，其言下目的是将我国政治制度、法律制度同西方在国家能力和国家建设意义上进行比较，但这终究没有脱离古典传统的政治与法律的范畴。为此，他提出了自己的理解。小政法与大政法，不是一般地研究政治与法律。小政法是研究公、检、法、司、国安，甚至监委之间的关系，是涉及各个政法机关关系的讨论时，对政法或者党的意识形态、社会规范的关注，就如关注政法队伍整顿时对利用党纪要求整顿的分析。大政法的讨论则是对党领导法治关系的讨论，即党如何领导立法、支持司法以及守法的讨论，实质上是如何全面依法治国的讨论。

其次，侯猛教授强调要通过理解政法工作机制、体制和传统，重新思考中国法体系和法秩序。今日中国之法体系和法秩序的讨论偏重于法律规范或法释义学、法教义学的讨论，但这种讨论同当下的政法实践在一定程度上是相脱离的，甚至有时是刻意或不经意回避政法实践的。这就造成了“书本中的法”同“行动中的法”相背离的局面。因此，要关注中国实践中的“行动中的法”，即政法工作机制是什么？如何运转？政法传统如何形成？

最后，侯猛教授认为，学者可以通过研究一系列的政法关键词，推动建构中国自主的法学知识体系。许多法学的标识性概念来自政法工作的经验，然而政法工作经验中有许多概念不为法学研究者所关注，比如协调、过问、督查和巡视等也是需要关注的政法关键词。而在现行宪法中，诸如革命、人民、祖国、妇女、劳动、民族团结等语词或概念，如若不从政法角度进行研究，是难以成为中国自主法学知识体系当中的内容的，也会让中国的法学知识体系永远依附于西方。

就此层面而言，建立中国自主的法学知识体系，需要去了解中国革命、改革、建设的历史，形成研究自觉。这种自觉并非一种隔绝，而是如费孝通先生所提的文化自觉，通过“我看人看我”，来塑造我们自己的文化，这样形成的标识性概念才既具有中国特色，又具有国际视野。在这个意义上，政法是理解中国问题的一个非常重要的标识性概念。而只有政法成为标识性概念，法律中的诸多政法关键词才能够成为中国自主法学知识体系的标识性概念。

四、交流互动

肖滨教授首先对讲座进行点评，并以两个“赞成的判断”肯定了侯猛教授的研究。他指出，在中国的法律条规中，除了《中华人民共和国人民警察法》，找不到政法的使用，说明政法并非一个法律概念的判断，他是赞成的；从中国法学尤其是从社会科学视角进入，对理解中国政治法律运行的体系而言，政法是个值得高度重视的概念，他也是赞成的。不过，有些观点还值得商榷。

肖滨教授理解侯猛教授强调的走向法治进程的观点，他也赞同根据2004年宪法修正案中人权概念的出现作出“从政法走向法治”的判断没有问题。不过，就现行法律运行体系而言，现实状态仍然是政法逻辑同法治逻辑并存的结构。对于如何理解政法是一个标识性概念，他认为要从中国的政治体制也就是从中国共产党领导的党政体制中来把握，这恰恰是政治学研究的优势。肖滨教授认为，认识政法的运作或者法律体系时，要注意政法逻辑和法治逻辑的交织，当下我们正在从政法逻辑逐步转向法治逻辑，还需要从政治学或当代中国政治体制的角度方能阐释清楚。

中山大学哲学系黄涛副教授肯定了肖滨教授关于“政法”概念需引入政治逻辑的看法。他指出，尽管政治学与法学对权力的理解存在差异且多为社会科学层面的描述性分析，但要确立“政法”作为自主性概念，必须对其进行本质性规定。结合近期“法政治学”的学科争议，以及凯尔森与施米特关于法与政治关系的理论张力，黄涛认为单纯的“法治国”思维无法穷尽政治决断的本质。面对现代治理中政治逻辑与法律逻辑协调的难题，他强调不能仅靠现象描述，若要将“政法”提升为具有中国传统的标识性概念，必须超越单纯用法涵盖政治的思路，深入阐明政治思维与法律思维相结合的内在逻辑。

吴重庆教授提及政法与法律兼容性的问题，如果要坚持社会主义法治的人民性，又该如何回应普适性的法律话语？

侯猛教授认为，政法概念的法学与政治学的研究视角并不冲突，可以相互补充。两者都很重要，从党政体制角度进行的研究更像是外部视角的研究，或者说是从宏观到中观、中观到微观的研究，法学研究则是从微观到中观、中观到宏观的研究。法学做政法研究，注重公检法三者或其中两者的关系，注重与司法行政机关的关系，以及各个政法单位与党委政法委的关系，并展开经验研究。这种微观层面的研究聚焦于具体制度、具体案例、条线业务、组织关系，是内部视角的研究。内部视角研究则是法学研究的优势。所以，一个是从外向内的研究，一个是从内向外的研究，这两方面的政法研究都是必要的。政治学与法学一起研究，会使得政法研究更有活力。各个学科对政法实际运行的学术研究越丰富，作为学科意义上的与政法有关的标志性概念、政法关键词就会越来越明晰。

对于黄涛副教授的提问，侯猛教授认为，在分析意义上，政治思维与法律思维这两套思维似乎很难兼容，甚至是非此即彼的关系。但如果从马克思主义的立场来看，中国的法治讲究的是法律的本质，法律作为上层建筑，由经济基础所决定，强调法的阶级性，那么法治本身就是政治的法治。

在回答吴重庆教授的问题时，侯猛教授提出，中国共产党在革命过程中一直关注并解放被压迫的阶级，聚焦于土地法、劳动法和婚姻法。这三部法律分别涉及农民、工人和妇女，这就是人民性的重要体现。今天，从政法到法治并不是一个彻底转向。从政法到法治并非断裂的历史过程，而是不断追求发展，与国际对话的过程。我们的政法工作更加注重尊重和保障人权，我们的社会主义法治也是在分享全世界共有价值的基础上不断增量的过程。

（整理：陈瑜豪）

“标识性概念”系列讲座第九讲

做　人

主讲人：程乐松
主持人：陈少明
时　间：2024年5月17日
地　点：中山大学锡昌堂103讲学厅

程乐松　2005年毕业于香港中文大学，获博士学位，嗣后任教于中国人民大学及北京大学。现任北京大学博雅特聘教授、博士生导师、哲学系宗教学系系主任，教育部长江学者特聘教授（2022年度）。主要研究领域为早期道家思想、中古道教、两汉思想史等。出版专著四部，中英文论文数十篇。

日常生活中总有一些无需宣之于口的默契，人们不必精确地定义它们的内涵，也不必公开讨论其在不同语境中的确切所指，只是依照具体情境达成交叠性的共识。我们不仅很难准确刻画这些“共识”的精确意涵和意义范围，甚至对于其形成和运作机制都不甚了解。

在诸多此类“共识”中，很具中国社会生活特色的一个词是“做人”，从会做人到做人难，从学做人到做好人，这一组词汇的意涵很难被准确地“词典化”，却可以在不同的语境中依照不同的语气被我们默契地理解并有效地成为“共识”。我们尝试说明，这种在表象上呈现出某种模糊和交叠性的共识形成于始终活跃且不断沉淀的生活实践之中。“做人”意涵的复杂性可能基于它独特的行动性，而其独特的行动性又让复杂意涵能以某种“清晰且有效”的方式被行动者感受到，在这个意义上，“清晰”与“精确”之间的区隔可以被凸显出来。

在葱茏的山谷中“做人”

2024年5月17日下午3时，“标识性概念”系列讲座第九讲“做人”在中山大学广州校区南校园锡昌堂103讲学厅举行，本期讲座由北京大学哲学系宗教学系系主任程乐松教授主讲，中山大学哲学系陈少明教授主持。

陈少明教授在开场白中表示，“标识性概念”系列讲座始终平衡着思想的严谨与形式的自由，因此我们从不预设讲座呈现的方式，也不刻意追求每一个标识性概念之间的联结，只是顺着思想的渊流，随机捕捉些有趣又恰巧跳跃到你我面前的东西，而不论它究竟是浪花还是贝壳。以“做人”为例，我们似乎就很难说它是一个确切的“概念”，而只能认其为一个生活中惯用的词语。但正如《孟子·尽心上》所说：“行之而不著焉，习矣而不察焉。”越是这种看似平常的词语、表述，往往越能引起我们深刻的反思。

一、“描述”而非“定义”

“我并不想谈论‘怎样做人’，我只是想说‘做人是怎么一回事’。”程乐松教授如是说。这两者之间的差别在于，前者谈论方法，后者等待描述。程乐松教授指出，对于“做人”这一语词，我们首先要做的是描述，而非定义。因为做人首先是一个持续的“行动”，它意涵的复杂性可能基于它独特的行动性，就其本身而言，它既可以大到是你我生活经验的全部，也可以小到是某一个具体经验的精确筹划。对于这样一种跨度极大且时刻处于“进行时态”的语词，定义总显得不甚准确。所以我们只能寄希望于那漫无边际又有迹可循的“描述”，帮我们增添些明晰而不精确的理解。

然而描述终归是属人的，因此在描述的过程中，我们会不自觉地运用自己所熟悉的概念框架，搭建起充满秩序美的语言宫殿，尽管这“井然有序”的描述终究会被繁复恣肆的经验狠狠敲打……

二、“做人”的共识性质

“日常生活中总有一些无需宣之于口的默契，人们不必精确地定义它们的内涵，也不必公开讨论其在不同语境中的确切所指，只是依照具体情境达成交叠性的共识。”这可算作“做人”这一语词的一大特征。程乐松教授表示，这种无需言说的默契、交叠性的共识，在不同的语境中往往有不同的所指，因而我们很难用限制性的描述去划定这些“共识”的精确意涵和意义范围。

那么这种共识是如何形成的呢？程乐松教授说，“做人”实际上是作为一种行动与一种弱规范性和多元环境进行双向互动。所谓的弱规范性，是指在“做人”的具体情境中，实际并不存在某种有强制力的、严格的规范，比如在与老师见面的环境下，“礼貌”作为一种要求，具有着“弱规范性”，它并不强迫学生依照某种固定的模式来表达对老师的尊重。

但无论如何，规范性终究是存在的，并且在不同的环境下，呈现出不同的内容。而“做人”正是主体一直以“行动”的方式与具体的环境以及环境当中的“弱规范”持续互动。之所以称其为互动，是因为人的行动总是在一定的环境之中，而这种行动除了会塑造他人对自己的认识以外，也会塑造自己下一阶段所处的外部环境。程乐松教授将其概括为：“人部分掌握主动权的，与外部社会环境、人际环境之间互相塑造的过程。”在这个过程中，我们与他人都是特定情境下的参与者，因此，我们必然会产生基于相同情境下的最低限度的“共同性”，从而对“做人”形成“共同性”感知，亦即交叠性共识。显而易见的是，这种共识对于情境的依赖致使它无法被精确地限定，而“做人”也因此无法被精确地定义。

这种无法精确限定的特征还鲜明地呈现在“做人”一词的形式构成上。程乐松教授说，“做人”一词可看作一系列词语组合的起点，由它所构成的如“会做人”“学做人”“做人难”等表述，联合成了一组以“做人”为核心的语汇。由于一组语汇的意涵很难被准确地“词典化”，所以作为语汇核心的“做人”，也就只能跟随着丰富的语汇，在不同的语境中，依照不同的语气被我们默契地理解并有效地成为“共识”。

然而，难以“词典化”是否意味着这种“共识”是不清楚的呢？程乐松教授明确表示，当我们尝试定义一个语词的时候，我们总是希望定义“清楚”，然而清楚可以分为两种，一为明晰，一为精确。明晰是从语词意涵的接收者角度，也就是从人的角度来说，凡是每个人都能明了的，便都是明晰的。而精确则是针对语词本身而言，不因个人理解的差异而改变。仅就“做人”一词来说，对具体情境的依赖注定了它与精确无缘，而只能倒向明晰。

为了厘清这一问题，程老师以ChatGPT举例，ChatGPT将“做人”理解为一个人的行为表现或处世态度，认为它通常指一个人如何在社会中生活、工作、与人交往，以及如何处理各种人际关系和情境。在回答“做人为什么难”的问题时，ChatGPT更是列出了社会压力、人际关系、道德困境等精确的分析维度。显然，人工智能对于问题的回答，总是在尝试脱离所有的语境，继而用看似精确的方式予问题以标准答案。然而不幸的是，这些答案往往都经不起经验的推敲，从而呈现出“精确又不靠谱”的滑稽感。因此，程乐松教授一针见血地指出，对于“做人”这种语词，重要的似乎不是语词的意义，而是如何揭示的过程。

三、做“人”与“做”人

（一）做“人”

“行动总是情难自抑地指向某个目标，而目标悄无声息地决定着你的行为选择。”程乐松教授说，如果我们把“做人”看作偏正结构，那么作为目标、对象的“人”的意涵就变得格外重要。但这种意涵只有在具体情境下才可以被具体表达，因此我们只能概括地说，作为目标的“人”之中，必然包含了某些要求

（如道德责任），因此，“把人做出来”大体等同于“将某些伦理目标实然达成”。

倘若此时我们再细心一些，将视野转回到幕布的背后，我们又会惊喜地发现，在做“人”的过程中，人们实际完成了两个重要的“任务”——一是形成他人对自己的认知；二是明确自己对自己的期许。于是做“人”的过程便突然明晰起来，人基于对自身性质的理解，达成对自己行动的自信，而这种自信的行动又必然产生特定的后果（这种后果往往取决于他人对自己的评价），人通过这一后果对自己的行动进行反省，再依据自省的结论更新自己的行动。因此我们不难看到，做人的过程始终是自我视角下社会生活与社会评价中的自我纠缠磨合。简而言之，你我都是在社会环境中，不断地依据自己的判断寻找行动的方向，继而在无尽的尝试中领会规范的要求。

（二）“做”人

“是的，你在用行动做出一个你在其中又影响你自己的人际世界。”如果我们能以一份学人的“宽宏”，允许“做”越过“人”，从而占据话题的中心，那么便产生了另外一种偏正结构。程乐松教授出其不意又理所当然地转换了他的思路。如果我们仅仅将那被“做”出来的“人”模样、状态视为一个空洞且被动的结果，而不将其视为充实而先在的目标。那么动词“做”便成了那个最终结果的“主宰”。

正如前面所提到的，做人是持续的行动，而仅从“行动”的层面来说，每一个个体的感受力和感受方式都不可以被抽象，在截然不同的外部环境下，不同的人完全可以有不同的感受和反应。这种差异在我们的行动中必然发生“碰撞”，等这种碰撞分裂出“他人的理解”与“自己的理解”，我们的行动又会像裁缝一样，努力拉近二者的距离。因此，所谓“做”人，实为一个持续的、永无止境的行为选择过程，在这过程中，我们不断安置又变化着自己的角色。

那么，如何才算是善于做人呢？程乐松教授提出了两种评价方式：一是在社会交往中能否通过融洽的他人关系，为自己创造更好的外部环境；二是能否依照群体对个体道德责任、水平的正向评价标准，不断修正自己的行为。然而这并不意味着“做”人这一动态的过程会被牢牢限制在固化的评价体系之下，因为在动态过程中，并不存在所谓的稳定和必然，个体的行为感受在接受先在社会环境有限限定的同时，也有着对整个环境的整体性反抗，而人正是在这种张力之下，“自作主张”地行动着……

讲座的最后，程乐松教授对“做人”进行了全面而不完全的总结。他认为“做人”的意涵极其丰富，如果我们分开来看，“做”作为一个动词，可以衍生出人在行动中必须考量的诸多因素，如“会不会做”涉及“做”的技巧与规范，“要不要做”关联着自我的期待与社会的责任。而“人”作为一个名词，也同样呈现出其他名词难以对标的复杂度。每个人都是群体的一部分，但他之所以能够成为群体的一部分，恰恰是因为他作为一个独立的个体与群体区分开来。也正是因为人与群体之间这种即融合即分离的张力，人一方面在环境之中接受环境本身的规范，另一方面也在通过行动塑造自己，乃至塑造着下一阶段的外部环境。

总而言之，对于“做人”，我们只能对其进行描述而不能定义。然而在描述的过程中，我们既不甘心拘泥于某个特定的视角，使描述变得狭隘，又无法实际获得整全的视角，让描述呈现完满。因此，我们只能尝试将不同的视角叠加起来，让思维在其中尽可能地游移。这样一来，描述就不再是为了达到某个结论，而仅仅是在努力呈现一个并不完全的过程……

四、交流互动

生命好在无意义，才容得下各自赋予意义；问题好在没有答案，才容得下各自填满答案。程乐松教授对于“做人”无结论的描述，仿佛呼啸而过的列车，风声散尽，留下了一整条铁轨的空白，等待着在场所有人的回应。

陈少明教授率先表达了自己听完讲座的体会，他认为单从字面上看，“做人”似乎很不哲学，因为哲学似乎总伴随着抽象的思辨，而“做人”就是你我经验生活的直接呈现。但实际上，哲学从不必然等同于形而上学，做哲学也本不需要去创造繁复的概念，回归经验，本就是一种哲学。因此，谈论“做人”这一充斥着经验复杂性的话题，实际最为哲学。

吴重庆教授则表示，在一般的思路里，我们总是在谈论社会结构对人的行动的影响，而今天的讲座却反其道而行之，讨论了人的行动如何推动社会的演化，这种思路对于当今中国的社会学研究很有借鉴意义。此外，对于程乐松教授所谈到的“弱规范性”问题，吴重庆教授认为，弱规范性本身代表一种开放性，也强调一种实践性。中国社会正是在规范和不规范之间慢慢推演、发展的，而这也是中国社会弹性、活力的彰显。谈完感受后，吴重庆教授向程乐松教授提出了一个发人深省的问题：如果说在群体中，人们会形成一些交叠性共识，那么那些没有被交叠的认知部分，是否是因为人所处情境不同、阶层不同或年龄阶段不同等原因所导致的呢？由此又延伸出另外一个问题，即“做人”这件事本身是否存在阶层性？

对此，程乐松教授阐述了自己的理解，他认为从个体出发，每一个个体在实际的社会生活中都有他自己的三个边界。第一个边界是个体的自我理解边界；第二个边界是日常生活的经验和群体边界；第三个边界是他对整个社会生活的想象性边界。人是基于这三个边界才能确定自己与他人的交叠性共识。因此交叠性共识并不是在行动中才产生的共识，而是一种预设性的共识。

思想在老师们的唇齿间碰撞出具象的力量，同学们也忍不住加入到了讨论之中。“在做人、修身的过程中，美德究竟是不是一种技艺？美德的技艺又是否因为它关乎美德，而与其他技艺不同？”“如果做人在具体的情境中总是难免‘规范’，那么规范究竟在何种意义上能成为共识，它又如何被传授？”“抽象的界限在哪？回归经验是否依然存在抽象化描述的危险？”一个个问题“前赴后继”地拍打在现场每一位师生的心中。

程乐松教授也一一给出了精炼独到的回应。他表示，在中国哲学的视域下，“人”的身上似乎总是带着道德、美德的印记，当我们去考虑美德的时候，我们会尽量避免当下的精确筹划，因此，美德虽然可以是一种技艺，但我们总还是希望它不只是技艺。而关于规范的问题，程乐松教授认为规范要和规则、习俗区分开来。人在自己所熟悉的社会环境下，遭遇的往往都是习俗。对于习俗，我们只需要“看着做”（模仿）、“做做看”（尝试），便可以充分掌握并欣然接受，其间并不需要进行严格的反思和理性的判断。相反，只有当我们尝试进入另一个文化系统的时候，才会去感知、考量严格的规范问题，并且秉持一种

“学习”的姿态，被迫地遵守着那些我们并不熟悉且不易接受的限定。

最后，关于“抽象的界限”以及“描述在何种意义上才是有效的”这一问题，程乐松教授表示，描述是一个层叠的过程，因此它可以无限地进行下去。对于一个抽象的概念来说，一个具体的例子已经算是一种经验的描述，但这个具体的例子实际依然可以进一步“具体”下去、“描述”下去。因此，对于“描述”，我们似乎只能不断尝试，“看着做”“做做看”，而不能盲目追求所谓终点。

若同此理，“做人”之所以能够成为问题，或许也正是因为我们始终不能在一个动态的人生中为我们寻找一个稳定的安置，经验的复杂性、丰富性终将溢出所有看似“精确”的描述！所以我们不妨如维特根斯坦所说：“从明智这个荒芜的山峰下降到蠢笨那个郁郁葱葱的山谷。”在粗糙的地面上，把握住那一点可感受的明晰……

（整理：何擎宇）

“标识性概念”系列讲座第十讲

文　质

主讲人：吴　飞
主持人：丁　耘
时　间：2024年6月14日
地　点：中山大学锡昌堂103讲学厅

吴飞　北京大学哲学系教授，北京大学礼学研究中心主任，研究领域为比较哲学、礼学、经学、基督教哲学、宗教人类学。代表著作有《麦芒上的圣言》（2001）、《浮生取义》（2009，英文版：*Suicide and Justice*，2017）、《心灵秩序与世界历史：奥古斯丁对西方古典文明的终结》（2013）、《人伦的“解体”》（2017）、《礼以义起》（2023）等。

文质关系，不仅是中国传统文明的一对基本关系，更是中国辩证思想的关键所在。文质，在君子养成、礼乐建构、历史演进、文学修辞四个方面，都是基础性概念。本次讲座将围绕这四个方面，详细展开文质论的辩证关系。

风标自落落，文质且彬彬

2024年6月14日下午4时，“标识性概念”系列讲座第十讲“文质”在中山大学广州校区南校园锡昌堂103讲学厅举行，本期讲座由北京大学哲学系宗教学系吴飞教授主讲，中山大学哲学系丁耘教授主持。

讲座开始之前，丁耘教授表示，“标识性概念”系列讲座举办至今，在学界激起了阵阵声浪，教授们匠心独运的阐释，让一个个浸润于传统的概念披上了时代的新衣。而本次讲座，吴飞教授带来了又一个关键概念——“文质”，而他对于这一概念的阐释，势必以他多年的积淀，给在座的师生带来思想上的冲击。

一、文为“尚质之文”

历史是文明的传记，思想是文明的线索。讲座伊始，吴飞教授开宗明义，将“文质”视为“中国哲学辩证法最重要的体现”。吴飞教授表示，说到“文质”，我们总能第一时间想到孔子所说的“质胜文则野，文胜质则史，文质彬彬，然后君子”，这看似清晰的语言结构，暗藏了无数玄机。要想解开谜题，我们就必须依托于一定的视角和框架，是以吴飞教授将他对于“文质”的阐释明确划分为文学修辞、历史模式、礼乐制度及君子修身四个论域。

首先从文辞的层面来说，“质”字，《说文》：“以物相赘，从贝从所。”段玉裁注：“以物相赘，质、赘双声。以物相赘，如春秋交质子是也。引申其义为朴也、地也。如‘有质有文’是。”与质相近的还有实、朴等字。“文”字，《说文》：“错画也，象交文。”“文”本义是质地上面的纹理，“理”就是玉石中那样极为细密的纹理。吴飞教授认为，自然物都是有质有文，如果依循自然质地之纹理，将自然物加以文饰或节文，也便有了文明。顺着这个思路思考文和质的辩证关系，《韩非子·解老》云：“礼为情貌者也，文为质饰者也。”《淮南子·本经训》亦言：“必有其质，乃为之文。”是以“文都内在于质”。而一旦文皆内在于质，则所谓“尚质”，以及由此引发的对“质”的言说，亦可视之为文。这也正如刘勰在《文心雕龙》中所说：“老子疾伪，故称美言不信；而五千精妙，则非弃美矣。”尽管老庄在思想上“重质轻文”，然而其对于“重质”思想的表述，终究还是“华美”之文。

吴飞教授又以《论语·八佾》中“绘事后素”的议题为例，进一步说明了文质之间的关系。对于“绘”和“素”的理解古来不一，全祖望、朱熹、杨时等人认为“素”为一纯粹质地，于“素”之上方可“绘”以五彩，是谓“绘事后于素”。而吴教授认为，从文质的角度去理解，郑玄等人的观点似乎更为合理，即认定“凡绘画必先布众色，然后以素分布其间，以成其文”。这便是以“素”为“绘”后之功，认为“素”是待众彩“绘”就，再行勾勒，是谓“绘事而后素”。素色虽无任何绚丽色彩，仅有本色之“质”，将其置于众彩之上，本为推崇其“质”，却不承想其勾勒众彩，已然成“文”。古代的绘画技术并无留白之说，其实和西方油画类似，素白也是一种颜色；到了宋代文人画兴起，朱子就把素理解为了留白。这是一种历史的错位。

二、从巫史传统到“文质彬彬”

概念总要落入具体的历史之中，才能从理论的可能转变成现实的可靠。讲完了“文质”的文辞义，吴飞教授又将“文质”拉进了历史的洪流。“文胜质则史”是大家耳熟能详的一句话，然而这里的“史”还不是今人所谓历史，而是指史官。吴教授表示，史官是从巫官转化而来，巫官有着沟通天人的独特能力，其后巫官逐渐发展为史官，史官继承了巫官的历算、祭祀、占卜等天职和礼职，还精通于文字书写。

吴教授认为，早期史官书写的内容往往是对祭祀等重大活动的记录，这些记录本是最末的功夫，但随着巫史传统的人文化，文字记录逐渐成了史官工作的中心，而所谓“历史”也终于带着它正式的名称，站在了人类的面前。由此反观孔子所言“文胜质则史”，吴飞教授认为，孔子这里并非借助另外一个系统批判“史”，而是在继承史官传统的基础上，对史官传统进行改造，赋予了它更为丰富的内涵。因为巫史传统的宗教性来自自然的神秘化，而非超自然的神秘化。以自然为“质”，则史为“文”。如果过于突出文明、历史的神圣而忽略自然，就会出现文采繁复，但其中精诚之质不足的情况。这无疑是违背了巫史传统对于自然的崇尚，是以孔子“文胜质则史”的批判，正是对文明过度发展的纠偏。

更为重要的是，孔子在其中加入了“义”的态度，文明的车轮不能倒退，质而无文的自然不可重回，而在文明之中把握文明的限度，在文明架构中做到文质彬彬。因此，吴飞教授表示，孔子所谓“文质彬彬”，是要在文明极度发达的状态下，熟练掌握文明的真谛和各种技艺，从而将质的内涵充分呈现出来。所以尚质的根本不在于去文，反在于修文，只有通过修文，人才能以更好的姿态返归于质，如是“文质彬彬”，于是而为“君子”。

在讲述“文质史观”的最后，吴飞教授将其与西方进化历史观进行了比较。他认为，西方的进化史观只有依靠目的论才能成立，是以当前历史主义的危机，就在于消除了目的论的线性进化史观，从而沦入相对主义和虚无主义的泥泞。而文质史观因为文质的辩证关系，并不需要一条通往终点的直线跑道，也同样不需要终点，不需要目的。历史始终在“文”和“质”的张力之中寻找平衡，呈现出循环的姿态。但是吴教授表示，“文”“质”的循环并不是周而复始的强循环，而是可以包含进化的弱循环，个中区别在于前者如所谓“已有之事，后必再有”，而后者只是强调前后历史在结构上的相似性。所以文质的循环不是简单的“再而复”，而是“三而复”，“三”本身就意味着一种进化。

三、礼乐制度中的“文质结构”

在讲完了文质史观后，吴飞教授将视角从高山移至索道，继续从“礼乐”的角度窥探文质观对于中华文明的塑造。他表示，中华文明就是一种礼乐文明，它的基本构成方式是文质论。礼乐分为狭义的礼乐和广义的礼乐，前者指具体的礼节仪式，可对应英文的ritual、rite、ceremony等；而后者则是指“礼制”，可以包括社会政治制度的各个方面，分别对应于西文的nomos和harmonia。

从狭义的礼乐来说，“文饰”“节文”是礼最为主要的功能。《礼记·坊记》：“礼者，因人之情而为之节文。”而对于礼的“节文”功能讨论最为细致深入的是荀子，《荀子·礼论》中说：“礼者，断长续短，损有余，益不足，达爱敬之文，而滋成行义之美者也。” 吴飞教授解释道，断长、损有余，这便是“节”；续短、益不足，就是文。如果这两方面都做到了，那么礼就不只是修饰了人的外在，还会有“行义之美”的效果。

为了更为清晰地展现礼仪中的文质结构，吴飞教授又以荀子所述祭祀之礼举例：“大飨，尚玄尊，俎生鱼，先大羹，贵食饮之本也。飨尚玄尊而用酒醴，先黍稷而饭稻粱，祭齐大羹而饱庶羞，贵本而亲用也。贵本之谓文，亲用之谓理，两者合而成文，以归大一，夫是之谓大隆。”吴教授指出，古代祭祀时要用到两类东西，一类是粗朴的，如玄尊（水）、生鱼，这些食物没有经过任何的加工，因此可视为自然，也就是“质”，以此来表示贵本（尚质）。另一类则是精美的食物，如酒醴、稻粱，这些才是参与祭祀的人真正能享用的（亲用）。

由此可见，未经过加工的食物虽然有着纯粹的“质地”，但就其作为礼节仪式的一环，用以表达“贵本”的观念而言，已然有了“文”的气息，是以可称为“尚质之文”。而后那些酒醴、饭稻粱、饱庶羞，是经过精细的人工加工后的饮食，荀子称之为“亲用”，是一种“理”。吴飞教授表示，文是尚质之文，理是尚文之文，两者合而成一个总体的文。

广义的礼乐囊括社会制度的各个方面，故而文质结构也要扩大至整个人类群体。吴飞教授表示，从性命论哲学的角度看，“质”的哲学意义就是自然性命，这种自然性命扩大到群体，便可以视作由不同性命体构成的一个自然的生生共同体。这种共同体呈现出纯粹的生命，从而先于所有文明的建构，在这种共同体中，人只有最朴质的自然情感，也就是所谓“亲亲”。而文明之建立、文明共同体之形成，则是要赋予此原始的自然情感以秩序，即以尊尊之文饰亲亲之质。

董仲舒在《春秋繁露·三代改制质文》中说：“主天法质而王，其道佚阳，亲亲而多质爱。……主地法文而王，其道进阴，尊尊而多礼文。”吴飞教授认为，文质论并不将人设定为如霍布斯所说那般完全单子式的个人，群体也并非孤立个体的简单集合，人类“亲亲”的情感并非人为建构的结果，而是自然存在。而“尊尊”只是为了将这份自然的情感以更有秩序的方式表达出来。

因此，在广义的礼乐视域下，质为自然，文为文明，自然的亲亲关系转化为文明的尊尊关系，产生了最初级的文明秩序，而这种基于亲亲之质形成的文明秩序，又势必反身维护亲亲之质。吴飞教授由此发出感慨：“自然是文明的起点和目的，人类的文明不应该将自然视为被规训的对象，更不应该超越于自然之上。”

四、“君子修身”与“文质之辩”

吴飞教授将讲座的最后一部分落在了“君子修身”的问题上。对于“文质彬彬”四字，朱子说：“言学者当损有余、补不足，至于成德，则不期然而然矣。”文质在此处变为个人内外的一种平衡，君子既求至美之质，又求以外在之文修饰、彰显其质，最终成就完满之德。然而如果一定要在文质之间作一取舍，则“与其史也，宁野”，可见朱子一脉论及君子修身，仍是以质为首位。然而君子修身究竟应该重文还是重质，却并非一语可以道尽。无论是《论语·颜渊》篇中的棘子成，还是《雍也》篇中的子桑伯子，都是认为君子重其质美即可，不必求文。然而子贡和孔子则认定文质之间必须保持平衡，方可成为君子。

由此可见，尚质并不意味着轻文，吴飞教授以《孔子家语》中的事例举证："子路曰'南山有竹，不揉自直，斩而用之，达于犀革。以此言之，何学之有？'孔子曰：'括而羽之，镞而砺之，其人之不亦深乎？'"虽然南山之竹已然具备"锋利"的美质，但若能装上箭翎，磨砺箭头，显然可以更增其"利"。质美固然是基础和前提，但有了文的点缀，人性命中的美质才可以展现出更为夺目的光彩。

讲座的最后，吴飞教授基于文质概念向时代发问，他认为，文质之辩的张力，正是对自我的重新理解。在道家的思想进路里，文明的发展必然破坏自然，但他们又无法全然否定文明；儒家认为文明内在于自然，且以自然为目的，终将完善更美好的自然。然而，我们究竟如何保证文明的发展可以依循自然之质，如何保证人力过度创造的文明不会对自然形成破坏？吴飞教授表示，只要带着对这些问题的深思，当下的你我均可以自然与文明之间的辩证态度，开启对现代文明与历史的重新理解与建构……

五、交流互动

"或曰：士之论高，何必以文？答曰：夫人有文，质乃成；物有华而不实，有实而不华者。"（《论衡·书解》）日月运行的轨迹似乎告诉我们，偏向一边总比保持平衡容易，但在"偏狭"中秉持"中正"之心而求"进化"，未尝不是"文质"之间的张力带给历史的价值。

讲座结束，丁耘教授率先提出了他的看法，他认为吴飞教授“尚质之文”的提出给了自己很大的启发，然而在关注中国“文质”的同时，对西方的“形质论”的传统也不能低估。此外，对于形式和质料的脱离问题，严格来说我们日常所说的质料总是内于形式，只有第一质料没有形式，但此第一质料究竟是有是无，它和基督教的上帝有着怎样的关系？这都是非常复杂的哲学和神学问题。此外，丁耘教授还指出，《礼记·表记》中先言殷质周文，其后又以虞夏为“质”，殷周为“文”，此处存在着明显的前后矛盾，而之所以会出现这种矛盾，是因为在“文”“质”二分循环和三代（夏商周）三分循环这两种解释路线之间存在着理论的张力，如此一来，如何协调这两种路径之间的关系，便成了当下哲人需要进一步思考的问题。

曹家齐教授也表达了听完讲座的感受，他说北宋著名琴师成玉磵，在评论当时琴坛时指出：“京师（今开封）过于刚劲，江南（今江西）失于轻浮，惟两浙质而不野，文而不史。”音乐给人的感受总是相对玄虚的，但是在听完吴飞教授对于文质的解释之后，成玉磵的话似乎有了可以理解的角度。

顺着教授们各具特色的思考，在场学生也一一表达了自己对于讲座的感受和疑问。而交流环节的最后，吴重庆教授条修叶贯地提出了他的三个问题：第一，内在于质的文如何胜质？其二，文的作用究竟体现在哪里？如果文是文明的共同体，质是生生的共同体，而文又内在于质，那么基于文质关系，是否可以说文明扩大了生生共同体？第三，如果文质相复是“三而复”，这背后是否存在某种运行机制，倘若存在，这又是怎样一种机制？

对于老师同学们的感受和问题，吴飞教授给出了他的回应与总结，他认为人之性命的根本活力仍然来自其性命之质，因而文总是内在于质，而非与质对立。如果将文质关系扩大至文明与自然的关系，则毋宁说文明的最初因素总是内在于自然，但是在微观视野下，人完全可能将完全人为的“文”（而非“尚质之文”）强加于事物之上，从而导致“文胜质”的问题。

然而从根本上说，人类一切自以为智慧的创造终究与自然的伟大藕断丝连，故而文明的共同体终究还是更有秩序的自然共同体，而当下之世界，亦不过在广袤的自然之中，追求着文明更为“和谐”的进阶。至于这文明与自然中的你我，似乎也只能在“文”和“质”的天平中间，努力成就“风标自落落，文质且彬彬”的彼此……

（整理：何擎宇）

“标识性概念”系列讲座第十一讲

逸 民

主讲人：曹家齐

主持人：吴重庆

时 间：2024年6月28日

地 点：中山大学锡昌堂103讲学厅

曹家齐 又名曹家启，中山大学历史学系教授、博士生导师。主要研究领域为宋辽金历史与文献、中国古代交通史、中国古代音乐史，出版专著《顿挫中嬗变——20世纪的中国历史学》（2000）、《唐宋时期南方地区交通研究》（2005）、《宋史研究丛稿》（2006）、《宋代的交通与政治》（2017）、《宋史研究杂陈》（2018）等多部，发表《赵宋当朝盛世说之造就及其影响》《遗民心结抑或潇湘情怀——琴曲〈潇湘水云〉解题及意境新探》等学术论文110余篇。

逸民在中国历史上一般指“怀抱道德不用于世者”。因其具有隐居避世的生活特征，故“逸民”在概念上往往与隐士、高士、逸士、遗逸、遗民相含或相近。而即便是从“怀抱道德不用于世”这个身份标识去观察，逸民亦有不同的类型。

中国之外的国家和地区历史上，亦不乏隐士之类人物，但逸民却是中国历史文化中所独有的社会群体，中国史志典籍中多有《逸民传》或《隐逸传》便是明证。孤立地看逸民现象，不免视角狭隘，若将逸民与历史上的隐、乱、离诸现象通同考察，则更能理解中国文化的独特之处。

逸民虽为避世之人群，但中国文化中有“尚逸”与“尊逸”传统，这便使逸民文化具有独特之魅力。宋以后，逸民文化表现在更多的方面，除文学外，音乐与绘画方面也甚为突出。

尚逸尊隐，与乐齐吟

2024年6月28日下午3时，“标识性概念”系列讲座第十一讲“逸民”在中山大学广州校区南校园锡昌堂103讲学厅举行，本期讲座由中山大学人文学部副主任、历史学系曹家齐教授主讲，中山大学哲学系吴重庆教授主持。

讲座开始之前，吴重庆教授首先向大家介绍了曹家齐教授，表示曹教授除了深耕宋史研究，还在中国古代音乐史等方面做出了具有代表性的成果。除了学术研究，曹老师还是一位雅士。吴教授说，今天讲座最后将有一个彩蛋，请大家拭目以待，下面有请曹教授演讲。

一、解“逸民”

曹教授特别关注“逸民”是否为中国文化所独有，欧美日韩是否也有逸民。并为此专门请教了熟悉不同国家历史的学者，得出结论：中国之外亦有隐士，但逸民群为中国所独有。

为了对中国的“逸民群体”有更深入的研究，曹教授对二十五史中的“逸民”与“隐逸”之士做了详细的梳理与统计，总共有365位。曹教授表示，这个数字仅是在正史中有传的“逸民”和“隐逸”之士，那些没有在“传”中专门记录的逸民则更多。曹教授说到，中大中文系的张海鸥教授专门做宋代的隐士与居士的研究。根据张教授的统计，《宋史》专门记载的隐士有43位，而各类文献中的宋代隐士达570人。这570人是有姓名可查的，而无姓名可查的隐士则更多。中国正史大量为“逸民”立传，这在世界范围内是仅有的。而这个隐士的庞大群体足以说明这是一个值得关注的中国社会和文化现象。

那么，中国为何会有“逸民”？蒋星煜先生从他那个时代出发，认为“隐士之所以形成，从主观方面来说，完全是由于个人主义或失败主义这两个因素的作祟。凡是隐士，不是个人主义者，便是失败主义者……但是个人主义者的隐居理论，要到曾任漆园吏而不敢为楚相的庄周才有比较具体的说明”。这是20世纪40年代国难之时，蒋先生为了能够让更多的有识之士团结起来为国献力而持有的立场。但换到今天，应该还有其他的解释。

张海鸥教授在专著《宋代隐士居士文化与文学》的第一章“宋代隐士文化研究”中为我们总结了宋代隐士隐居的概况和原因，张教授认为源远流长的尊隐传统和隐者自身的隐居意愿是宋代隐士隐居的重要原因。讲座伊始，曹教授指出“逸民”与以往“标识性概念”系列讲座的主题有不同之处，即“逸民”是一个十分清晰、具体的指称。此讲座还有一个副标题是“理解中国文化的独特视角”，为何起这样的副标题呢?

首先，曹教授分别从《晋书》与《南史》中为我们节取了阮籍与孙登和孙缅与渔父两段关于“逸民”的记载，以十分具体的形式让大家对历史中“逸民”的形象有了大致的了解。曹教授表示中国的“逸民”文化深厚而发达，也十分具有独特性，符合“标识性概念”的要求。所以，接下来将会从“‘逸民’概念与身份特征”“‘逸民’何以成为一个中国文化概念”“‘逸民’文化的魅力”三个层次展开论述。

《论语》中讲“谨权量，审法度，修废官，四方之政行焉；兴灭国，继绝世，举逸民，天下之民归心焉。”（《论语·尧曰第二十》）孔子认为天下太平，万民归心，就需要把逸民选拔出来，为国家做事。在《论语·微子》中，孔子列举了伯夷、叔齐、虞仲、夷逸、朱张、柳下惠、少连七位逸民。

为了让大家更好地了解“逸民”的概念，曹教授从历代注疏中为大家梳理了什么是“逸”。许慎解释：“逸，失也，从辵兔。兔谩诞善逃也。”（《说文解字》第十上）段玉裁解释：“亡逸者，本义也，引伸之为逸游、为暇逸。”（《说文解字注》十篇上）。在许慎《说文解字》与段注中，“逸”都和“逃”有关。何晏称：“逸民者，节行超逸也。”（《论语注疏》）颜师古称：“逸民，谓有德而隐处者。”（《汉书注》）朱熹称：“逸民、遗逸者，无位之称。”（《四书集注》）在颜师古这里，“逸”与“隐”出现了重叠；在朱熹这里，“逸”与

“遗”又有了重合，而我们也的确发现“逸民”既可以是“隐士”，有时又会是“遗民”。

什么才是真正的“逸民”？曹教授借用了归庄（1613—1673）对二者的区分：“凡怀抱道德不用于世者，皆谓之逸民；而遗民则惟在废兴之际，以为此前朝之所遗者。”（《归庄集》卷三《历代遗民录》）“怀抱道德不用于世”是逸民重要标志。对于“逸民”的分类，《后汉书》卷八十三《逸民列传》列举了六种：或隐居以求其志；或回避以全其道；或静己以镇其躁；或去危以圆其安；或垢俗以动其概，或疵物以激其清。

姜亮夫在《中国文士阶级的类型》中将修士与逸士都归为隐士，并分别列举了代表人物（《国是公论》1939年第29期）。蒋星煜则比较全面地以不同的分类法区分了各种隐士的类型。在蒋先生的分类里，有真实的隐士，如巢父，有虚伪的隐士，如伯夷；有在业的隐士，如台佟，有无业的隐士，如朱桃椎；有孤僻的隐士，如林逋，有交游的隐士，如唐僧渊；有养性的隐士，如陈抟，有求知的隐士，如陆龟蒙；等等（《中国隐士与中国文化》）。

曹教授表示，从这些分类中我们可以看出，“逸民”虽然已经是一个身份特征很清晰独特的群体，但是研究者们仍然可以对他们进行更为细致的研究。在曹教授对“逸民”的概念做了详细的阐释后，讲座深入到了下一个主题。

二“逸民”何以为“标识”？

在介绍了前人的研究后，曹教授也给出了自己关于这个问题的看法。大量的“逸民”是中国特有的文化现象，一定要从中国深层的历史文化背景中去解释它的产生和存在。曹教授说，自己在读美国人类学家詹姆士·斯科特的著作《逃避统治的艺术》时得到了启示。斯科特在有关“赞米亚”的论述中，将越南中部高地、印度东北部地区以及中国西南等地海拔300米以上的山区，看作是为逃避国家控制而出现的“庇护所”，认为这里未必是中国皇权的控制力所能掌握的地方。

如果我们以文明史的角度来看这些地区，当然是落后的。但是既然有文明史，就也会有非文明的历史。在王朝历史的主流价值叙述以外，当然还有逃避被统治的历史。当人们忍受不了国家的统治时，他们就会选择一种适合自己的方式。“隐”和“逸”是一种选择方式，“离”“乱”“叛”也是一种存在的选择。如果只单独考虑“隐”“逸”就会片面，一定要和其他现象结合在一起考察。

为什么会存在“不合作”的现象呢？古代中国在耕地的粮食产量不高的情况下，竞争异常激烈。曹教授以他所做的宋代研究为例，为我们分析了宋代科举中进士产生的比率和难度。曹教授又说，先秦诸子百家的思想也是需要考虑的因素。儒家讲仁义礼智信等，道家讲清静无为，墨家讲兼爱非攻，而法家则讲严刑重罚。曹教授以《商君书》和《韩非子》为例为我们展示了法家的统治思想。法家对于中国历史的影响，实际上造成了中国古代社会内部更加严峻的竞争和统治的酷烈。老百姓选择在边远山区生活是逃避统治的方式，“隐逸”也是逃避统治的方式。

三、中国文化中的尚逸尊隐

成为“逸民”是一种逃避统治的方式，但在中国，这种方式却充满了魅力，并成为了一种文化。如果按照韩非子的观点，逸民都该杀。但中国并非只有法家思想，儒家思想对此进行了制衡且制胜，因而“尚逸尊隐”自古便是中国文化中的传统。《周易》中讲：“不事王侯，高尚其事。象曰：不事王侯，志可则也。”《后汉书》卷八三《周党传》载汉光武帝诏曰：

> 自古明王圣主，必有不宾之士。伯夷、叔齐不食周粟，太原周党不受朕禄，亦各有志焉。其赐帛四十匹。
>
> 党遂隐居黾池，著书上下篇而终。邑人贤而祠之。初，党与同郡谭贤伯升、雁门殷谟君长，俱守节不仕王莽世。建武中，征并不到。

《后汉书》卷一七《岑彭传》载：“（岑熙）迁魏郡太守，招聘隐逸，与参政事。”《册府元龟》卷八〇九《隐逸·序》曰：

> 夫隐居以求志，遁世而无闷，含华匿耀，高翔远引，非夫德充而义富、学优而诚笃，又孰能怀道自晦，绝俗而孤举哉！故仲尼之序逸民，马迁之述隐君子，班、范而下，罔不论次焉。

可见儒家所提倡的“尚逸尊隐”是中国的一个传统，并成为中国历代治国的一种风气。

四、“逸民”文化的魅力

“逸民”文化在中国的文学、绘画、音乐中都有表现。文学中有田园诗，绘画中有山水画，都常被拿来抒发隐逸之情。宋代郭思整理的《林泉高致·山水训》写道：

> 君子之所以爱夫山水者，其旨安在？丘园养素，所常处也；泉石啸傲，所常乐也；渔樵隐逸，所常适也；猿鹤飞鸣，所常亲也；尘嚣缰锁，此人情所常厌也；烟霞仙圣，此人情所常愿而不得见也。……然则林泉之志，烟霞之侣，梦寐在焉，耳目断绝；今得妙手，郁然出之，不下堂筵，猿声鸟啼，依约在耳，山光水色，滉瀁夺目。此岂不快人意，实获我心哉！此世之所以贵夫画山水之本意也。

曹教授特别讲到，宋代是山水画重要的发展期。山水画讲究“卧游”，高明的画手往往可以使观者足不出户就能领略田园诗意，抒发隐逸忧思。观者可以在《万壑松风图》中坐穷泉壑，在《渔父图》前渔樵问答。

逸民文化表现在音乐中，便是大量逸民琴曲的出现。在中国古代音乐中，琴也常常被用来抒发隐逸思想。现存最早的琴谱《神奇秘谱》的第一首琴曲便是《遁世操》，讲的则是逸民中的代表许由的事迹。《神奇秘谱》中还收录了一首琴曲《潇湘水云》，被编著者朱权认为是南宋时郭沔所作的浙派琴曲，其在题解中云：“是曲也，楚望先生郭沔所制。”（朱权《神奇秘谱》之《霞外神品》下卷，西泠印社，2014年，第19页。）后世亦多认为《潇湘水云》的作者就是郭楚望。

曹教授以现代史学的眼光审视既往对《潇湘水云》的记录时，发现其背后隐含的历史事实和思想观念之间是有冲突的，《潇湘水云》所要表达的意境和后人的理解亦有二致。经过细致的研究，曹教授认为：“《潇湘水云》很可能不是郭沔所作，而是其弟子徐天民所传的一首古曲。”（《遗民心结抑或潇湘情怀——琴曲〈潇湘水云〉解题及意境新探》，载《新宋学》2019年第1期，第198～223页）讲座中曹教授将“逸民”文化与自己所关注的宋代史、音乐史结合，为我们对《潇湘水云》的理解作出了新的解释，还列举出了更多的逸民琴曲。

五、提问与“彩蛋”

吴重庆教授在总结时认为，曹教授所揭示的中国“尚逸尊隐”的传统特别重要，并且以政治学上“行政吸纳政治”的概念为引申，认为古代中国在面对层出不穷的“逸民”时，不仅以“行政吸纳政治”，还以“文化吸纳政治”。吴教授认为，在中国的社会与文化情境中，“行政吸纳政治”（“举逸民”）与“文化吸纳政治”（“尚逸尊隐”）是可以相互转化的，它不仅是简单的相互补充，而且相互支持。逸民是一群“怀抱道德而不用于世者”，此“道德”并非一般人伦规范，而是合于天地之序，可怀可用，以致进退出处自如。

吴教授同样认为，“逸民”非常符合“标识性概念”系列讲座的主题，因为我们这个系列的主题除了要有标识性的识别度，还应包含路标、刻度的意义。吴教授表示这样的概念可以推进对中国传统文化的理解，我们对该系列讲座的期待就是，每一个

"标识性概念"都像一个路标与刻度，指引后来者继续前行。

接着，在座的同学、老师也都发表了自己的看法。中山大学哲学系李兰芬教授在补充同学关于柏拉图主义与"逸民"思想的差别时，分析了中外崇尚自然主义者的情况；历史学系杨勇教授分享了自己在研究中发现的古代中国知识分子进退的情景，对"隐逸"文化做了进一步的补充；历史学系周立红教授从西方中世纪与文艺复兴以来的现代化转型过程中出现的知识分子的"世俗化"与介入"权力场域"的事实出发，为我们展现了西方历史中文人影响政治的情况。

最后出场的是本次讲座的"彩蛋"。曹教授取出洞箫，即兴调弄，与音乐齐吟，为在座的听众展示了独属自己内心深处的悠渺情操。

（整理：谢佩霖）

“标识性概念”系列讲座第十二讲

国　家

主讲人：潘　维
主持人：陈少明
时　间：2024年7月4日
地　点：中山大学锡昌堂103讲学厅

潘维　澳门大学社会科学学院讲座教授，澳门大学全球与公共事务研究所所长，北京大学国际关系学院荣休教授。主要研究领域为比较政治理论、比较政治、政治学方法论、中国社会与政府代表，论著有《法治与民主迷信——一个法治主义者眼中的中国现代化和世界秩序》《农民与市场》等。

通过澄清和辨析“国家”概念的古今中外歧义，作者指出创造“国土、国民、政权”三合一的“政治共同体”概念是必要和重要的，有助于催生一个关于历史变迁主要动力的崭新理论。

把“国家”找回来

小暑将至，“国家”压轴。

2024年7月4日下午3时，本学期最后一场“标识性概念”系列讲座在中山大学广州校区南校园锡昌堂103讲学厅举行，主讲人为澳门大学社会科学学院讲座教授、澳门大学全球与公共事务研究所所长、北京大学国际关系学院荣休教授潘维，讲座由中山大学哲学系教授、人文学部主任陈少明主持。

一、从辨析“国家”到“政治共同体”

潘维教授首先澄清和辨析“国家”之古今中外歧义。一般而言，“国家”一词有三种含义。一是被指称为“政权”，即state，政权是政府的抽象词，state是government的抽象词。把“国家”理解为“政权”来自将列宁的《政权与革命》误译为《国家与革命》的结果。二是“国家”一词不仅包含“政府”，更包含“家”（国民/社会），其中“社会与政权”（state & society）的关系是“西学”的核心。三是“国家”一词为“国土、国民、政权”的三合一，这种意指在当今世界上被普遍称为nation，比如“中国、美国、俄国”以及“联合国（United Nations）”的“国”之联合。但在我国，nation被译为“民族”，带有语言文化特性。就nation本意而言，其指代“国民”而未有语言文化的“族”的意思。

在中国古代语境中，“国/国家”原本指称“国土、国民、政权”的三合一。甲骨文就有“国、民、族”三个字，三千年前的《周易》又称“国”为“国家”，“民”指的是国之民，即国土上的民众，“族”（ethnicity）则指语言文化群体。自甲骨文出现后直到1949年，“国”或“国家”便是指有边界的国土、国土上的民众、统领这些民众的政权，即政府的“国土、国民、政权”的三合一。而今，国家单指政府/政权，即state，而nation是民族。

在古代语境中，“民”的含义很清楚，“族”的含义也很清楚，二者结合的“民族”含义来自日文，由梁启超首先使用。在西方语境下并无三合一的“国”的统称，只有分称，即country（国土）、nation（国民）、state（政权）。近代以来，相对于官权的民权上升，欧洲以国民（nation）指代三合一的“国”。相较西文，中文原有三合一的统称即“国/国家”，但无国土、国民、政权三者的分称，因此这三个分称都被译为“国家”。不过当下国家指政权，nation指称民族，中文中“国”的三合一统称就丢失了。

面对“国家”在现代中文语境中的缺失问题，潘维教授用“政治共同体”（political entity）找回中文的“国”。他认为一切国土、国民、政权的三合一都是“国”“国家”或“nation”，都是“政治共同体”，这种三合一的统称很有必要。“政治共同体”（political entity）概念里的前半部分“政治”（politics）指一切涉及“政权/政府”的事。概念后半部分“共同体”（entity）中，之所以在英文语境的“政治共同体”用entity（实体），是因为community（共同体）包含复杂且悠久的价值观争议；而在中文语境中，用“共同体”仅指“互助”群体，所以比较恰当，如若翻译为“政治实体”则可能有更大歧义。

“政治共同体”的最初形态是产生于五千年前的城邦，即希腊语πολις，转换成拉丁语字母是polis，因此有了英语的politics（政治）和代表垄断暴力的police（警察）。所以，政治就是城邦，城邦与暴力垄断有关。城邦是“政治”共同体的原因在于“政权”，这是城邦从“生活共同体”进化的关键所在。

为何会有政府/政权？潘维教授首先界定了若干组概念：首先，政府是治理社会的机构，政权是政府的权力。权力就是对他人的支配力。对他人的支配力分为四种：财富（wealth）、暴力（violence）、思想（idea）、（支配者的）人格（personality/charisma）。在这四种支配力中，财富和暴力是“硬权力”，是政权存在的核心内容和基本标志。思想和人格是“软权力”，与政权的寿命有关。软权力有助于夺取硬权力，但一旦获得硬权力，软权力就变得“不经济”。因此，政权/政府是以垄断暴力和税收治理社会的机构，而政府/政权的诞生来自城邦之间的生存竞争，即军事安全催生出政府/政权。这一解释的逻辑在于：

（1）技术进步、食品财富的生产力提升。狩猎采集逐渐变成农耕和畜牧。

（2）游荡的狩猎采集部落定居，村庄聚集为“城”，建设了庙宇、宫殿、广场、城池。

（3）城邦扩张到“边界”，有“领土”需要保卫，需“全民皆兵”，但军事领袖只能由一人担当。

（4）军事领袖成为“国王”，国王的“社会中立性”也来自国防，进而衍生出形态更复杂的“政权”，即state。城邦因此成为city state，而有了政权/政府，就有了政治。

二、生存竞争："政治共同体"理论催生新的历史观

上述概念和理论的澄清完成后，潘维教授还考察了政治知识体系的现状以及中西政治知识的比较，结合当下中国史观的变化，详细阐述了国与国之间（政治共同体之间）的生存竞争是人类社会历史暨文明史变迁发展的"主要动力"，由此建构了一个新的理论或者历史观，即历史哲学。

现有政治知识体系由"内政""国际关系""语言和文化"三部分内容组成，并依次形成核心、次要到边缘的内容地位。"内政"即政权与社会（state & society）的关系，是现有政治知识体系的核心内容，但其研究方法是拆分社会和拆分政权以组合，战后以来这种方法并未催生新知。国际关系是现有政治体系的次要内容，其研究方法是拆分"层次"，从"个人"到政权与社会关系的"内政"再到"国际结构"，其中"国际结构"是战后的新知识。现有政治知识的边缘内容是语言和（宗教）文化，其作用只是用于补充解释国内政治和国际关系。

潘维教授认为现有政治知识体系存在三大缺陷，一是政治学并没有统一的学科理论基础，国内政治是"有政府的政治"，国际政治是"无政府的政治"，文化政治是"跨国的（transnational）政治"，每个"子学科"的内在逻辑完全不一样，彼此并不互补；二是语言文化的比较研究存在严重问题，其中涉及文化的原因必须独立于政治经济社会的分析逻辑上，否则"子学科"就不成立；三是政治主要指涉内政，是政权与社会的关系，不包含"国土"，没有邻国，没有国之大小强弱的现实，内政这一国家兴衰的"内因"被视为决定性的，但以百年为尺

度，国界是常变的，无数的“国”在“国际”战争中灭亡。从国与国的演进历史看，国之规模越来越大，数量越来越少，政治制度和思想乃至语言文化越来越相似，但这一历史线索一直为思想界所忽略。

将政治知识体系放置在中西文化中比较可以发现，中国往往将政权与社会两分，但政权好坏（“官”是否公正廉明）塑造社会好坏，塑造国之“治乱兴衰”。西方也将政权与社会两分，但分为“上、中、下”层的社会结构塑造政权，政权不过是“统治阶级”的工具。但当代中国的史观正在出现重大变化，从中国共产党的初心和使命到百年党史三阶段历史论，再到党的国际使命是推动“人类命运共同体”的建立，从中可以发现，国之兴衰存亡的竞争比内部“阶级斗争”重要，而国际竞争转向实力结构的较量。

从中西政治史观的比较和转变可以发现，原有历史发展的动力机制需要重新解释，国内政治和国际政治需要被当作整体认识，并需要一个叙述两者相互作用的机制。就此出发，潘维教授借用科学理论的三部分要件，即（1）指出因果关系成立的前提条件，包括因和果的定义及出现的历史，（2）清晰、简洁地表述因果关系，（3）辨析因果实现过程的机制，详细论述了政治共同体理论催生出的一个关于历史变迁主要动力的崭新理论：

（1）前提条件：以五千年前出现“城邦”为起点，“政治共同体”是在一定地缘内、有统一政权领导、成员一起扶老携幼、扶危济困、守望相助的“过日子”群体。

（2）因果关系：五千年来，政治共同体间的生存竞争及由生存竞争而来的相互交流，推动了一切实用技术和生产力进步、一切社会结构和社会观念变迁、一切政体机构和法律体系进化，以及一切语言和宗教文化演化。这种竞争塑造出人类社会演化史的主线索：原始部落聚合为城邦、大小城邦聚合为帝国领地、封建领地聚合为近现代（国民之）国、中小国聚合为大国甚至超级大国。由此，政治共同体规模趋大，数量趋少，内聚力趋强；竞争获胜方的模式产生巨大示范效应，推动全地区乃至全世界各政治共同体在社会、政权、语言和文化上的混合、趋同。反过来，上述历史主线索也可以解释历史演化的根本动力，即政治共同体间的生存竞争。

（3）实现机制：政治共同体的分合进退、兴衰续绝，取决于相对的竞争力。竞争力由四个动态的相对要素构成：一是相对的国土国民规模；二是相对的人均财富生产效率；三是相对的精英与平民间的内聚力；四是相对恰当地应对三要素间的张力。

三、“政治共同体”理论的六点新意

一是以政治共同体之间生存竞争的史观取代阶级斗争/社会利益集团博弈的史观。潘维教授认为人类文明史的主动力是政治共同体之间的生存竞争，主线索则是政治共同体规模越来越大，数量越来越少，而且彼此越来越相似。同时，政治共同体间的生存竞争，如同万有引力之于近代物理学，把国内政治、国际政治和语言文化政治三个子学科（或知识路径）统合在同一种基本动力之下，使政治学拥有一致的基本逻辑。

二是指出政治共同体产生的条件。种植和养殖业成熟是定居的前提，定居是建立城市的前提，城市防务是产生政治的前提。政治共同体诞生是从生活共同体到政治共同体的转变过程：政治共同体是基于生活共同体的扶老携幼、扶危济困基本功能演进上增加的第三功能守望相助（全民共担国防）的结果。

城邦的核心是全体成员共同分担国防，军队只能一人指挥，取得胜利后，军事领袖凯撒、大汗、苏丹……就成为（中立的）“国王”。这可以在希腊词“城邦”πολις在字母上对应拉丁词polis是当代西文“政治”和“警察”的词根得到体现。国防是“政权”及其权威的来源，是“政治”的来源。政治恒定与暴力相关，暴力与政权相关。有城邦才有“政治”，没有城邦就没有“政治”。

政治共同体是“文明”（civilization）的产物。“文明”的源头是城邦（昂贵的庙宇、广场、宫殿、深沟高垒），是指“实用技术文明、抽象知识文明、社会组织文明”三者之合。而文化（culture）是“社会组织文明”的一个组成部分。语言文化是政治共同体塑造的，而非语言文化塑造政治共同体。不是血缘或语言文化塑造政治共同体，而是政治共同体塑造语言文化群体。在此，潘维教授认为，城市与理性和文明的诞生息息相关，有城“市”才有“城邦”，有城无市（场）是野蛮的军事“城堡”。在城市里，庙宇凝聚精神统一，宫殿代表政治统一，深沟高垒代表国防，而广场是交易之处，更是彰显交易规矩的“民法”之处。市场交易催生了对成本收益的敏感性，也就是“文明”的基石——“理性”，就此诞生。

三是指出政治共同体之间必然发生“生存竞争”。德裔美国学者赫兹（John Herz，1908—2005）创造了“安全困境”（Security Dilemma）概念：一国的相对安全就是邻国的相对不安全；一国的绝对安全就是邻国的绝对不安全。因为“安全困境”，自城邦或“文明”出现以来，所有独立政治共同体都拥有本国的国防军。国防安全是“政治”的源泉。潘维教授指出，既然“合作”也是显然的普遍现实，为什么不用“合作”或“又合作又竞争”表述？我们容易理解政治共同体之间的合作——合作导致互利，但又为何会“竞争”？他认为政治共同体间的一切合作、交流乃至融合都只是“生存竞争”的结果。生存竞争是原因，合作只是若干结果之一。声称竞争与合作“共生”是对现实的“描述”，并非推进社会发展的新知识。

四是通过分析“竞争力”的相对动态要素，指出政治共同体生存竞争的胜负机制，也是赢家方在全球“社会化”过程中的机制。由此可以看到“国”兴衰存亡的过程，以及彼此在制度和语言文化上越来越相似的过程。

五是指出政治共同体之间的生存竞争是实用技术进步、社会结构和社会思想意识变迁、政治体制和法律体系演化以及语言和（宗教）文化趋同的主动力。

六是指出全球日渐紧密的相互依存不会缓和反而加剧政治共同体之间的生存竞争，“全球化的政治”正在变成“大国间激烈博弈的政治”。

四、交流互动

陈少明教授首先对讲座进行点评。他认为潘维教授从“国家”概念的中西语义对照导入语言文化，并通过历史关系和政治经验的对照，包括政治学术的状况与现有的国际政治现象和国内政治现象的对照，构造出了一套完整的理论框架。这套理论框架中，他认为最重要的是国土与人民，并用中国哲学的相关知识进行了补充。相对于《论语》中有身份的“民”和无身份的“人”而言，这套理论中的“民”因为依靠国土而阐释恰当。与国土相近的概念是“界”，即地盘的划分，也是可做主的范围。

扩大而论，国界是最大的界，现代社会可以自由跨国流动，但行为和身份依旧受到原有国界的烙印和束缚，因此拥有的权利和义务是与国界相联系的。另一方面，潘维教授所提到的国与国之间的竞争导致政治共同体的发展，让他想到儒家对国内政治秩序稳定的强调，就如荀子思索稳定人欲无限与物欲有限之间的关系，这时就需要政治领袖既有能力又有公心的带领，也就是圣王概念。在国与国的竞争方面，他发现自汉以后历代王朝更强调内部的励精图治，这让他不免猜想国小更注重外部关系，而国大则外部力量难以撼动，因此内政显得更为重要。

观众席的提问络绎不绝。例如有同学提问如何区分语言文化共同体，潘维教授认为用语言宗教即可进行区分，但在这之前要明白学理上是政治共同体塑造语言文化群体，这是与政治共同体的意志相联系的。有同学提问，在这个理论中是否有国际秩序的永久和平存在？潘维教授指出，只要有政治共同体就不会有永久和平，并用安全困境理论进行了回答。有到场观众提问，政治共同体是否有分类，以及性质上是否有区别？潘维教授认为政治共同体并无性质上的差别可言，无进步、落后，只有大小、强弱的差别。

哲学系助理教授张米兰老师谈到她对理论的理解，并从韦伯对国家的经典定义着眼，韦伯认为国家是对暴力的正当使用，然而正当性概念就是被暴力所保证的，怎么还会有除暴力要素之外的正当性概念？她猜测韦伯认为国家的现代性是由两个力量来完成的：一种是自上而下的，一种是自下而上类似于承认性质的。她认为潘维教授理论中新的因果关系恰恰可回应韦伯定义中较为矛盾的方面。潘维教授指出，通过现代选举制度等的政治安排，政治共同体将暴力加以正当性的塑造，事实上是很难区分正当性和正义性的。

政治学系副教授丁辉老师提出，在生产竞争中的国家竞争能力是否有差别，在这种框架下个人的生存生活是否会感到压迫？潘维教授指出，竞争能力当然有大小，并由四种“竞争力”相对动态要素构成，现实生活中政治共同体的生存竞争带动语言宗教群体的融合。

政治学系夏瑛教授对潘维教授提出是否可以进一步关注政治共同体之间的距离，并探索距离影响具体竞争的维度，这种距离可能是地理距离、实力、安全、文化与宗教距离，这种距离的竞争维度也未必一起出现，例如在具体时间内进行经济上的竞争。潘维教授认为理论应该是简洁的，这样其解释力方可扩散，目前的大国其实都已经成为不远的邻国了。

哲学系博士后黎人源以修昔底德陷阱中马其顿最终取代两强的争霸为例，提出国与国的竞争结果是否只是一方战胜另一方？潘维教授指出，多种博弈情况都可能存在。

（整理：陈瑜豪）

“标识性概念”系列讲座第十三讲

大一统

主讲人：杨念群
主持人：陈少明
时　间：2024年9月19日
地　点：中山大学锡昌堂103讲学厅

杨念群　中国人民大学清史研究所教授，著有《儒学地域化的近代形态：三大知识群体互动的比较研究》（1997）、《中层理论：东西方思想会通下的中国史研究》（2001）、《再造病人：中西医冲突下的空间政治（1832—1985）》（2006）、《何处是江南：清朝正统观的确立与士林精神世界的变异》（2010）、《“天命”如何转移：清朝“大一统”观的形成与实践》（2022）等，主持编写《新史学》集刊及《新史学：多元对话》系列丛书。主要学术兴趣是中国政治史、社会史研究，并长期致力于从跨学科、跨领域的角度探究中国史研究的新途径。

“大一统”乃是汉代儒家经学典籍里的核心概念，曾与中国古代的“天下观”“正统观”“夷夏之辨”“文质互补”等经典论述相互渗透融合，遂成为中国历史理论的一个关键词。“大一统”不仅仅是一套复杂的认知体系，同时也是能够付诸实践的行动准则，在中国历朝正统性的建立、疆域拓展、社会治理、文化意识形态构造等方面持续发挥着统摄作用。

晚清以后，随着中国开始步入现代化国家的行列，“大一统观”并未完全消失，而是与近代输入的西方思想发生激烈碰撞交融，逐步演化为中华民族多元一体化建设的重要传统资源。为避免只聚焦于“大一统观”在中国古代疆域扩展方面的影响，或者把“大一统”仅仅视为与现代民族国家制度对立的负面思想资源，本讲座从“大一统”与“正统论”之关系，清朝如何通过“大一统”观重建对“中国”的认识，以及“中华民族”观念的形成与“大一统”之关联三个方面，对“大一统”观的构成形态做一鸟瞰式勾勒与分析，并尝试阐述其与中国现代化发展进程的关系。

“大一统”从来都不只是一种思想观念

2024年9月19日下午3时，“标识性概念”系列讲座第十三讲“大一统”在中山大学广州校区南校园锡昌堂103讲学厅举行。本次讲座由中国人民大学清史研究所杨念群教授主讲，中山大学人文学部主任、哲学系陈少明教授主持。

杨念群教授在讲解“大一统”的具体内容之前，首先对应该如何研究包括“大一统”在内的“标识性概念”做了一些方法论的说明。他认为，研究中国哲学和思想，都应该从两个方面考虑：一是将概念历史化、情境化，加以动态把握，而非静态描述；二是将某个概念置于特定脉络之中，与其他概念关联起来进行比较分析，而非孤立研究。他还强调，直接套用现代思维去理解古代的历史观念，非常容易产生理解上的偏差，这是需要特别注意的。

一、“大一统”是中国“正统论”的重要组成部分

进入正题。“大一统”是什么？杨念群教授说，“大一统”不是简单意义上的“大统一”，它蕴含着“元”“始”之义，具有“正”的意蕴。董仲舒将“大一统”解释为“一元”，并认为“一者万物之所从始也，元者辞之所谓大也。谓一为元者，视大始而欲正本也”。一语道出“一”“元”“正”这几个关键字的原初意义，最终落实于“正本”。由此可知，“大一统”是“正统”的核心概念，是中国“正统论”的重要组成部分。

古代帝王始终关注政权的“正统性”（即正当性）问题，“大一统”即蕴藏着帝王在时间与空间上如何确立“正统”地位的深意。其中，“正统”的第一要义是时间的“一统”。《春秋·隐公元年》开篇记鲁隐公“元年春王正月”。《春秋公羊传》解释说：“元年者何？君之始年也。……王者孰谓？谓文王也。曷为先言王而后言正月？王正月也。”鲁隐公作为鲁国国君，其记载继位年号需将“王”字冠于月份之前，“王”即指周文王，这是奉周王为天下之主，昭示自己为其诸侯之意。后面又解释说：“何言乎王正月？大一统也。”所有历法归周王统摄，这是从时间观上阐释“大一统”。

“正统”还包括空间的“一统”。帝王“改正朔，易服色，

制礼乐，一统于天下”，其中“一统于天下”即是从空间观上立论。空间的“一统”有大小之别，“正统”首先描摹出的是一个空间疆域不断扩张延展的状态。战国时期孟子、荀子都表达过“天下”定于“一”的思想。当梁襄王问：“天下恶乎定？”孟子答：“定于一。”《荀子》也说“文王载百里地，而天下一”，明白指出“天下一”是地理空间的统一。秦始皇“议海内为郡县，法令由一统”，李斯说“今海内赖陛下神灵一统，皆为郡县”；王吉上汉宣帝疏：“《春秋》所以大一统者，六合同风，九州共贯也”，这些话都是从疆域治理的角度进行的阐发。

此外，《春秋感精符》《春秋命历序》《易纬乾凿度》等汉代纬书，同样把疆域归属作为“一统”的前提，帝王承天“秘符”，需以地理区域为应验之据。如《春秋命历序》云：“河图，帝王之阶图，载江河山川州界之分野。”总而言之，在先秦及汉代，空间上的“一统”是“正统”的重要表现形式。

除了“正统”时空，“正统观”中的“元”“始”之义亦可从形而上形态扩展贯穿到世俗生活领域。东汉何休《春秋公羊传解诂》说：“一国之始政，莫大于正始。故《春秋》以元之气，正天之端；以天之端，正王之政；以王之政，正诸侯之即位，以诸侯之即位，正竟内之治。”

从西汉开始，“正统论”的主题和内涵发生了一个从依赖外力支配逐渐转入内心自省的剧烈变化，深刻影响了中国传统政治的特性。儒家在这个转变中起着关键作用。杨念群教授认为，董仲舒把孔子打扮成有“德”却无位的“素王”，拥有“受命之符”，承担着“为汉制法”的使命，其实就是要赋予儒家辨析“正统”之“正”与“不正”的特权，为汉代“正统”思想谱系添加“正义”色彩。

二、“大一统”是一个从思想到实践的历史演进过程

上述内容主要是对“大一统”核心思想的解读。然而，“大一统”从来都不只是思想而已，而是一个从思想到实践的历史演进过程。那么，“大一统”的具体历史形态到底是如何演化的呢?

首先，“大一统”是中国古代政教关系形成的起点。杨念群教授认为，何休解读《春秋》的目的在于构造上下贯通、政教合一的治理体系：“夫王者始受命改制，布政施教于天下。自公侯至于庶人，自山川至于草木昆虫，莫不一一系于正月，故云政教之始。”何休所说山川草木系于正月，指的就是时空的绾合。董仲舒概括“大一统”之义时也说：“春秋大一统者，天地之常经，古今之通谊也。”（《汉书·董仲舒传》）“大一统”包含了空间（“天地”）和时间（“古今”）两个维度。帝王不但统领着广大的自然地理疆域，同样也统治着人间社会，通过规定时间起始及其运行准则，建构出一套政教秩序。

其次，“大一统”倡言“王者无外”的理想，与“夷夏之辨”相对峙。何休创制“三世说”，以“所传闻世”为“据乱世”，所闻世“为升平世”，“所见世”为“太平世”，把“诸夏”与“夷狄”置于一种动态演变的论说框架之中，突破了“中国”与“夷狄”二分的诠释理路，抹掉了“夷夏之辨”泾渭分明的边界。通过三世递进演化，“诸夏”与“夷狄”相互开放交融，从“势同水火”到“不分你我”，呈现统一而又多元的态势。杨念群教授认为，“三世说”体现出的历史规划图景，其宏

阔深邃远超“中国”论述的想象力。与此同时，凡是有关“中国”的政治文化构想也被纳入“大一统”的阐释框架，成为讨论政教关系的前提。

再次，“大一统”与“夷夏之辨”相对立，此消彼长。在特殊时期，“夷夏之辨”有可能取代“大一统”而成为主流意识形态。例如，南宋偏安一隅，新儒学被迫放弃“大一统”这个建立“正统性”的要素，特别是弱化“大一统”的地理空间诉求，依靠道德教化原则为帝王确立了新的“正统”标准，最终导致政治和社会逐渐“泛道德化”。最为重要的是，宋明新儒学大多建立在浓厚的“夷夏之辨”观念基础之上，特别强调汉人在“正统性”方面独占优越地位，极力否认非汉人异族入主中原的正当性。

最后，“大一统”不仅是思想意识的单纯呈现和表达，同时也是复杂的政治践履过程，是一整套统治经验和治理技术的实施方式。清朝在实践“大一统”的过程中，一方面破除“道统”与“治统”之间的截然对立关系，把本属于儒家士人的“道统”收归王权控制，实现了“道治合一”；另一方面纠正宋明新儒学排斥异族的思想谬误，鼓励知识界回归汉代经学，重新发掘出古代“正统论”中的“大一统”思想意涵。

三、“大一统观”与清朝对“中国”的再定义

演进至此，让我们聚焦清朝。满人入主中原后，其作为“夷狄”的“身份焦虑”，始终是清朝建立新的“正统性”所面临的大问题。满洲帝王必须寻找足够的理由，证明本为“夷狄”的满人与汉人一样，同样具有建构“正统性”的能力，足以从全新角

度对传统“中国”重新进行定义，并理直气壮地把满洲传统纳入汉人的“正统”谱系之中，对其实行彻底改造。

清朝尝试建立的“正统性”与宋明汉人政权有所不同。那么到底应该如何理解清朝“正统性”的建构方式？目前主要有两种观点：美国新清史学者认为，满人入关后，为了克服“夷狄”身份带来的焦虑，只能通过不断强化和放大自身的“满洲特性”来确立新型的“正统观”，借此对抗汉人王朝基于“夷夏之辨”构造的儒家式“正统性”。

与此相反，有学者主张清朝入主大统后，仍坚持以早期儒家发明的“礼仪”观念来定义“什么是中国”，建立起了一套“王者无外”的解释模式，借此削弱和改造了宋明新儒学蕴含的“夷夏之辨”思想，从而得到了汉人士大夫的支持。清代经学家刘逢禄即以“春秋大一统”和“三世”“三统说”来统合“内外”之别，凡符合礼仪规范者即为“中国”之一员，反之则沦为“夷狄”。

杨念群教授认为这两种观点都不准确，他主张“第三种观点”。他始终觉得，清朝建立的并非是一种单纯代表满人意志的政权，也不是简单地继承了汉人政权的传统，而是包容不同族群文化价值在内的多元政治共同体。他说，如果仅仅通过发掘“满人特性”或“内亚性”，把满汉政权的性质对立起来，否认清朝的施政举措与历朝历代汉人制度的联系，或者仅仅承认清朝不过是以往汉人文明的继承者，否认满洲传统对塑造清代政治体制所发挥的独特作用，二者都无法全面精准地概括清朝“正统性”的特质。

“第三种观点”的具体表现是清朝对汉代经学“大一统”

观念的重新审视和对“中国”概念的重新定义。杨念群教授说，清帝有意恢复汉代“正统观”中与“大一统”相关联的经典内容，使得清代“正统性”既不游离于儒家思想的传承脉络之外，又对宋明以来的“中国观”进行了彻底改造，并赋予其崭新的意义。乾隆年间引导士林回归汉代经学，深掘其中被宋明理学忽视的“正统”因素，对公羊“三世说”的重新释读即是一个突出的例子。

清人在入关前基本上仍然按照汉人的“夷夏之辨”模式，把明朝视为“中国”，而把自身当成“夷狄”。清帝入主大统后，用“籍贯”的方位概念消解宋明“中国”观中的“夷夏之辨”色彩。雍正和乾隆帝都曾引述孟子的话说，舜是东夷之人，文王是西夷之人，孟子此说显然没有任何歧视成分，圣贤也不以此为忌讳。舜与文王皆为儒圣，又都是夷人，在这个论说框架下，“夷夏之辨”也就无意义了。从“中国”与“夷狄”二分，到“夷狄”属于“中国”，清朝完成了“中国”概念的再定义，最终解决了“身份焦虑”问题，形成新的“大一统观”。

四、“大一统观”与“中华民族共同体”意识形成的关系

费孝通先生在20世纪80年代系统提出了“中华民族多元一体论”的主张，认为中华民族不是五十六个民族实体的简单加总，而是五十六个民族结合成多元而统一的整体。“中华民族多元一体论”延续了费孝通和吴文藻先生早年提出的“民族平等论”的若干见解，同时又吸纳了顾颉刚先生在面对民族存亡危机时突出倡导“政治一体化”的合理诉求，形成一整套更为均衡合理的民族团结理论。

除此之外，费孝通先生还把“中华民族”观念的形成分为“自在”与“自觉”两个阶段，并承认清朝运用“大一统观”促成了中华民族“自在”意识的形成。现当代的民族“自觉”意识与清朝“大一统”规范之下的“自在”民族意识，乃是一种前后衔接的继承关系。我们不妨说，“中华民族多元一体论”就是对清朝“大一统”多民族共存观念的升级改造。

可以说，费孝通先生的解释表面上似乎仅仅是对斯大林“民族理论”的提炼发挥，实际上更多的是汲取了清朝“大一统”观对少数族群治理的经验。具体而言，“中华民族多元一体论”和与之相适应的民族区域自治政策，就是对清代“宗藩制”的传承与改进。清朝通过建立理藩院，把内外蒙古及西藏、新疆地区纳入王朝版图，成功破解了此前郡县制与宗藩制截然对立的尴尬困局，真正实现了多民族共享广袤疆域的“大一统”局面。

同样值得注意的是，新中国建立之初所展开的“民族识别”运动，采取的方法虽然多少源自西方人类学对“民族”的定义，但又不完全等同于西方学界对“民族”内涵与边界的认识。“民族区域自治”政策的实施，更像是对《礼记·王制》“修其教不易其俗，齐其政不易其宜”原则的变通改造。其中，“修其教”“齐其政”彰显了中华民族政教融合的“一统”性，“不易其俗”“不易其宜”又体现了尊重少数民族习俗的多元发展态势。

总之，杨念群教授主张，“大一统观”的形成有一个从经典文本的构造到经世实践的复杂过程。在不同的朝代，由于历史语境的差异，“大一统观”的命运亦有所不同。在近代中西冲突与融合的背景下，“大一统”逐渐成为现代“中华民族”观念形成的传统思想资源，至今仍发挥着重要作用。

五、交流互动

主持人陈少明教授首先对讲座进行点评。他认为本次报告内容翔实，异彩纷呈，对于“大一统”概念的起承转合的讲解细致入微，刷新了我们对这一问题的认知。他说，伦理学中有学问研究的“厚”与“薄”之分：“薄”是相对抽象的研究，天马行空；而“厚”是贴合文本的具体的研究，脚踏实地。杨念群教授的这一研究是很“厚”的，给我们带来很多知识上和方法上的启发。

现场的老师和同学们积极向杨教授发问，杨教授一一予以回应。或问及金观涛先生的“超稳定结构论”。杨教授答：不同意“超稳定结构论”，因为这一说法忽视了制度具有调适和变化的空间。或问“大一统”之“价值理性”。杨教授答：在人文学科领域，不建议一开始就使用“价值理性”去提出问题和分析问题。对“大一统”的研究只是就事论事，不谈论价值层面。建议细读文献，然后自己判断。或问“国族”与“中华民族”称谓之优劣。杨教授答：“国族”容易产生误解，并分析了原因。同学们又问了很多其他问题，此不赘。

最后，陈少明教授做了总结。他提到做学问的“实”与“虚”的处理，认为历史研究应该“虚”一点，不能只是堆砌史料，要有“灵魂”；而哲学史研究应该“实”一点，不能只是堆砌观念，要结合实际，做到“有血有肉”。如此“纠偏”，共同点在于追求学问的立体感。陈教授呼吁把学问“做活、做宽、做深”，做有生命力的学问……

（整理：黄子锋）

"标识性概念"系列讲座第十四讲

情　感

主讲人：丁　耘

主持人：朱　刚

时　间：2024年9月29日

地　点：中山大学锡昌堂103讲学厅

丁耘　中山大学哲学系长聘教授，中山大学古典学中心执行主任，博士生导师，古典学专业委员会理事长。曾任复旦大学哲学学院教授。著有《道体与心性》（2024）、《道体学引论》（2019）、《儒家与启蒙》（2020、2011）、《中道之国》（2015）。译有马丁·海德格尔《现象学之基本问题》（2018、2008）等。

"情"与"感"是中国古代思想史中的标识性概念。"情感"作为一个合成词，既是对中国古代思想史中"情"概念的解释，也是中国近现代思想史的标识性概念。中国现当代哲学可以说有一个"情感哲学"的传统。在先秦的传世文献与出土文献中，"情"有"情实"与"情感"两重涵义。但这两重涵义并不只是简单并列的歧义。

本次讲座将基于《易传》《中庸》及《老子》的有关解释，建立“情实”与“情感”的文献联系和义理联系。进而，讲座将推进并糅合马丁·海德格尔与马克斯·舍勒的有关学说，勾勒出一种广义的情感“本体论”，尝试在哲学上彻底解决“情实”与“情感”的关系，解释诸基本情感的哲学意义，并通过“情感”带动“现象学之天道转向”。

讲座最后将指出，中国思想的根本特征是用情感表达天道。因而“情感”不只是中国思想的诸“标识”之一，更是可以用来判摄古希腊哲学与希伯来思想传统的“根本标识性概念”。

以“情感”判摄文明

2024年9月29日下午3时，“标识性概念”系列讲座第十四讲“情感”在中山大学广州校区南校园锡昌堂103讲学厅举行。本次讲座由中山大学哲学系丁耘教授主讲，中山大学哲学系朱刚教授主持。

讲座开始前，朱刚教授先对“标识性概念”系列讲座何以产生持续性影响，做出独特诠释：一个国家的文明传统，经过长期演变，最终皆凝注在高度标志性的一些概念上。中华文明正在走向复兴的历史关头，重新整理和挖掘与文明相关的标志性概念，正是有历史自觉和担当的工作。丁耘教授学术气象宏阔，在熔铸中西时还能自出机杼，提出原创性思想。本次讲座中，丁耘教授又将以“情感”为轴心，开显中西哲学间新的思考空间。

讲座伊始，丁耘教授先略谈“情感”作为标识性概念的核心论述：第一，论证情感是中华文明用来认识最高实在的一个主要概念；第二，梳理中大哲学系数代学人如何阐发情感哲学；第三，梳理中国哲学史上的情感哲学思想线索。从这些问题出发，丁耘教授列举了能代表现代中国哲学传统中情感论述的几位思想家，以及他们的核心理念。其中丁耘教授特别指出，朱谦之先生从“真情之流”和“表示”概念引发的“情实”与“情感”之争，是思考情感问题的重要入手点。

在此基础上，丁耘教授又概括出本次讲座所围绕的四个核心问题：第一，先秦及西汉文献中的情；第二，情感主义传统的作用仅仅是伦理学或者美学吗？如何从根本上回应知情意的区别？第三，为什么说情感是中国思想的标识性概念乃至根本标识性概念，情感与西方哲学传统的根本标识性概念有何不同？最后，当代应如何回应西方思想传统中的标识性概念？

一、中国传统中的“情”

关于中国传统中的“情”，丁耘教授以“四、五、七之难题”为切入点。第一个难题是“四七”难题，其中“七”指传统情感学说的最经典说法，即《礼记·礼运》中的“喜、怒、哀、惧、爱、恶、欲”七情。而“四”指《中庸》“喜、怒、哀、乐”四情。“四七”难题源于刘宗周，他将喜怒哀乐称为“四德”，并强调与《礼运》之七情并非一事。因为四德是指与性或理相统一的情，乃至于可称为四种“情理”。

关于四德跟七情的张力，丁耘教授做了详尽解释，一方面，两者有双重区别，七情是对象性，而四德则为境域性；七情是

“主观”的情感状态；而四德属天，虽然四德之间亦可流转，但仍属客观的情感规定。不过另一方面，固然区别成立，仍不能掩盖当中的同名部分：四德仍是“情”（或曰“情感规定”），只是与性不对立之情，是作为性之存在方式的情，故可说为“客观”。

第二个难题是“四五”难题。依刘宗周，“喜怒哀乐”与“元亨利贞”可一一对应，但《易传》中有“仁义礼智信”五常，四情与五常却无法匹配。一方面，若就“元亨利贞”来说，“贞”所对应的究竟是“智”还是“信”？在《周易》解释史中，各家有不同说法。孔颖达认为贞即是信，但如此一来，智则全无着落。李道平则以贞配智：“仁义礼智，皆备于君。信既居中而属君。”“信”是中央性概念。如此一来，“四五”难题表现为智与信何者属天，何者为具统治性的普遍中介性概念。在《论语》中，“信”是初阶性概念；但在《中庸》中，信却比其他德目更为重要和基本，因“诚”即是“信”。《说文解字》即云：“信，诚也；诚者，信也。”这样一来，《中庸》将信与诚放在最高地位，就是德行本身。

另一方面，若同“喜怒哀乐”对照，喜怒哀乐中似乎亦缺一种情感状态对应五常中的“信”。对于“四五”难题的这一表现形式，丁耘教授援引道家典籍来解。《道德经》王弼本第二十一章写作“其中有精，其精甚真，其中有信”。“精”常解作“精气神”之“精”。

朱谦之凭此认为，《大宗师》“夫道有情有信”之“情”亦当读为“精”。而马王堆出土文献之一《帛书老子》，则认为“精”当写作“情”。依高明《帛书老子校注》解，情当取

“真、实”义。此种解释与“其中有信”更能对应。这里丁耘教授再次以“诚”解“信”，“诚”的基本意涵是“合一”，无论是言行合一、内外合一抑或始终合一，皆指向西方对“真”的“符合论”定义。如此一来，诚/信即“真”，也就与此处“其中有情，其情甚真”相合。

若以此说解“信所对应的感情状态”，丁耘教授认为，信所应的，正即作为“原初情感状态”的“情”，若结合《中庸》“喜怒哀乐未发谓之中”一说，也可以把此种原初情感状态称为“诚”或“诚之”。

因此，真、信、诚是基本情绪或情感，即情实性本身，而喜怒哀乐是情实的特定状态，是基本情感所发出的具体内容。喜怒哀乐的前提，就是要承认喜怒哀乐之所涉（不仅是对象，而且是对象发生的境域与情境）是真实的。若能证到一切皆幻，才能从根本上不动心、不动情，也就没有喜怒哀乐可言。如此，“情感”和“情实”不仅是字义的并列而已，意义上亦是相通的：情感是特定的情实样态。

二、关于情感的现象学与存在论

以上是中国哲学传统内部对情感的解释，接下来，丁耘教授试图运用西方哲学的思想资源，特别是现象学运动，来回应或深化以上讨论。其中，丁耘教授着重探讨了康德、舍勒与海德格尔的相关思想。在约百年前的德国现象学运动中，从与康德有关的方面来看，该问题被两个概念标志着：一个是Gefühl，一个是Gemüts。Affektion也很微妙，但相对没那么醒目。

首先，丁耘教授聚焦康德哲学中的Gemüt（心，丁耘教授认为也可译为“情性”）的概念及其能力，并且指出康德关于心及其能力的看法有矛盾之处：心的能力是知、情、意，但又说此三者不能再从一个共同的根据中推导出来，亦不能彼此还原，如此，心的概念是空洞的。丁耘教授进而强调，康德割裂了好恶（欲求能力、意志能力）与苦乐。在康德的意义上，“尽义务”作为“应该”最好伴随着自然情感上的痛苦，否则就不是遵照道德命令。这实际上近乎“自欺”。王阳明《传习录》则回应了这种割裂：“良知只是个是非之心。是非只是个好恶。只好恶就尽了是非。只是非就尽了万事万变。”这与王阳明最重视的《大学》一致：“所谓诚其意者：毋自欺也，如恶恶臭，如好好色，此之谓自慊，故君子必慎其独也。”

其次，针对康德理论的上述问题，丁耘教授引入了舍勒的相关讨论。在现象学的解释中，苦乐就是所恶、所好，这是意向对象而非纯粹质料。好恶的对象是善恶，善恶是独立的价值客体，不能被还原为其他东西。这正是舍勒的入路。

丁耘教授同时指出，舍勒接下来又割裂了善恶与苦乐：善可以不伴随着快乐和爱；这里讲的爱是天主教价值，其典范是耶稣基督，这种圣爱是通过救赎罪人的悲苦和在牺牲中显现的。从彻底的现象学进路看，非但好恶与好坏不当割裂（所好就是好，所恶就是坏。“好恶”这两个字的妙处就是浑然天成地统一了意向行为与意向对象）。好坏中的两种情况（善恶与苦乐，即道德好坏与自然好坏）也不可割裂。割裂就是知行不一（例如对善的应然式的理解伴随实际上的自然痛苦）或意不诚。儒家所谓的“孔颜乐处”才能真正保证诚意，保证道德善不是伪善。

由此，丁耘教授认为，Gemüt是知、情、意的共同根据，而且这三种能力是有相应性的，彼此之间并非不可还原。康德本人就在《判断力批判》中表示，道德意志和行道德意志产生的愉快情感是同一的，但并未解释这一同一的根基（只是排除了“愉快情感是被意志推出”的这种理解）。在丁耘教授看来，舍勒与海德格尔以不同方式推进康德，但他们的工作是一致的。海德格尔在《存在与时间》中表明：舍勒努力恢复表象和兴趣之间的根本关系，只不过它的生存论基础仍然晦暗不明。而海德格尔的努力则是要为舍勒的工作提供彻底的存在论基础，即基本存在论。

接下来，丁耘教授将目光转向海德格尔。他表示，舍勒认为情感和认知是两个领域，而海德格尔的野心则在于，从作为最普遍概念的Gemüt出发，不仅推出伦理学，而且推出所谓逻辑学和认识论的“存在论条件”。海德格尔认为在康德先验分析论中统一知性和感性的最根本的共同本源是先验想象力，即时间性。Gemüt对于《存在与时间》阶段的海德格尔起到了康德的先验想象力或时间性的作用。在海德格尔思想转向后，其重心从“在世界之中存在”转到了世界、存在者整体。他从莱布尼兹和谢林那里找到了形而上学基本问题：为什么有这个世界（整全性中的存在者、这个世界）而不是什么都没有?

丁耘教授强调，这个问题在于能开显世界的基本情绪。丁耘教授以《存在与时间》中的Angst（畏，焦虑）为例指出，焦虑是关于此在整体、人生整体的。这已经超出了当下状态进入特定的整全经验，这个就是形而上学的根子。无法通过一个概念让世界存在，古希腊人对“世界或整全为什么会存在”感到惊奇，这也是基本情绪之体现。

最后，丁耘教授谈到了海德格尔工作的两个问题。第一，情绪与真理在原典解释上无法融通。前面提到的“其中有精；其精甚真，其中有信”就是求真的情绪，这比海德格尔综合亚里士多德的两部文本才能结合情绪与真理的处理，更为平滑。第二，海德格尔抓住了Gemüt和情绪，但并未把生存论的基本范畴和基本情绪对应起来（而是与各种存在方式例如“在之中”“寓在”等对应起来。这就偏离了情性的情绪内容）。丁耘教授提出，喜怒哀乐就是生存论范畴。若将Gemüt作为基本的东西，这其实就相当于“情本体”，那么本体的最基本规定就是情绪，而最基本的情绪规定就是《中庸》中的喜怒哀乐。

三、客观情感——现象学的天道转向

丁耘教授从现象学回到《中庸》和《易传》，进一步落实现象学的天道转向。他谈到，现象学的天道转向里的还原之剩余（即超越者）就是天。广义理解的现象学“神学”转向的要义，是从超越性得到超越者。这个超越者在不同文明传统中如何被不同地表达，是第二位的问题。用黑格尔批判康德主观唯心论的术语说，这种超越者就是“客观者”。现象学的天道转向得到的是天道，但对于心性哲学而言，这就是大写的客观者，因此现象学的天道转向得到的是一个客观者。中国思想传统对天的理解和体会是通过情感。丁耘教授举了孔夫子“迅雷风烈，必变”和“舜往于田，号泣于旻天”的例子说明中国天道思想的重要经验：用情感呼唤与回应终极实在。

丁耘教授表示，在古希腊文明特别是柏拉图和亚里士多德哲学里，他们理解的上帝就是思维、是“努斯”，也是后来黑格尔的客观思维，上帝呈现出来就是逻辑的概念运动。客观思维的规定就是范畴。在希伯来文明对上帝的体验中，上帝是客观的意志。客观意志的规定是法。

在中国对天的认识和表现中，天是客观的情感，天理是客观情感规定，仁义礼智都是客观情感规定。正如刘宗周所言，仁义礼智就是喜怒哀乐，仁就是天之喜，天理是情理，你要从喜去体会，才能体会到仁。这就是情感是中国思想根本标识性概念的原因——我们对同一个根本问题（天是什么？）的回答跟希伯来、古希腊不一样：天是客观情感，而认识天要通过客观情感规定，仁义礼智在我们这里的主观体验是喜怒哀乐，我们要通过流转去体会。

最后，谈到为何情感这个概念可以判摄异质性的文明时，丁耘教授指出，陈来教授的《仁学本体论》按照宋明理学的正统认为天是仁体，这也是程明道的见地。程明道《识仁篇》提出，其他的德都在仁里面，义、理、智都是仁。古希腊与希伯来的上帝更多地是被智与义揭示的。客观的情感规定是普遍的。客观的情感规定相当于基督教讲的上帝的位格，比如耶和华在圣经里是个专断的、愤怒的形象，但耶稣基督是哀愁的形象，他表现的是爱与恩。

四、交流互动

讲座结束，主持人朱刚教授对讲座进行了精到总结。他认为本次讲座充分体现了丁耘教授为学的一贯风格：出入于古今中西，而后形成自己的思考。随即，朱刚教授提出他的问题：在何种意义上能够将开显终极实在的情感称为客观的？进而，如果用情感来判摄古希腊、希伯来和中国文明，那么代表着思维和意志的古希腊、希伯来文明是否就隶属于代表着客观情感的中国文明？这种知情意三分如何与中国情感（如“四端之情”）融贯起来？

而吴重庆教授则将视野聚焦于东方：应当如何理解情在中国传统中的层次划分、发生机制，如：发乎情，止乎礼？同时，中国固然有伟大的文明传统，但也出现过“以理杀人”的情况。我们应当如何推进至客观情感来展现天道？

哲学系周小龙副教授则在中西两端都有评论：一方面，丁耘教授将仁义礼智（性）与喜怒哀乐（情）做了并列，如何应对中国哲学传统中对性与情的严格区分？另一方面，丁耘教授引康德的情感（Gefühl）作为例子，但在康德的语境下“情感”恰没有对象相关性，在德国古典哲学后来的发展中，“情感”的对象相关性亦存在争议。

丁耘教授综合几位学者的问题，做出详尽回应。他认为，客观情感是顺着黑格尔的客观逻辑来讲的，而康德那里主观和客观可以分成很多层次，如何使用这一对概念，事关我们所要表述的对象和内容。客观情感的用法实际上跟现象学的神学转向和天道转向相关。我们须得将“转向”研究透彻后才好理解主观和客观的区分问题。

对于朱刚教授的第二个问题，丁耘教授认为，如果我们承认用Gemüt推出知、情、意，并且认为前者就是情绪/情性的话，那么知和意都是某种情绪状态。这种看似极端的理解方式还可指向孟子的四心。而吴重庆教授所说的“以理杀人”实际上是理与气、性与情的割裂。最后，关于“发乎情，止乎礼”，丁耘教授认为，“发乎情”之情更像是一个特定的情实状态，他自己所说的情更接近张祥龙老师说的“兴起”，即情实本身。

接下来，现场的同学也踊跃提问。有同学从沃格林所说“文明之神显”谈起，此说是否适用于理解我们自己的文明？又有同学好奇海德格尔的“最后之神”到底指什么？还有社会学的同学想了解，人的行动逻辑可以分为工具理性、价值理性、情感性和传统性。丁耘教授所说的情感如何与这一理论框架对应？

丁耘教授的回答可谓举重若轻，在他看来，今天讲座所说的Gemüt若是放在沃格林的意义上，也可说是一种“情性神显”。但如何理解“神显”是个根本性问题。在中国语境下，“神显”指向天。《中庸》清楚表明，天（包括圣人之德）是以不显的方式显。这亦是现象学讨论的东西，即不显的东西如何显现出来。这与西方的神学与形而上学类型并不相同。我们须得以现代的问题意识才能看清这一问题。

关于海德格尔的“最后之神”，丁耘教授认为这一术语背后含蕴着多种可能指代，需进行具体分说。在海德格尔那里，本有给出世界，而万物都在世界之中各安其位，且绝不脱离这个世界。关于社会学对人的行动逻辑之区分，丁耘教授认为，本讲座所说的情感并非某种特定情感的表达，而是述说终极实在；在此，行为的动机化，即促使某人这样去做的原因，显得尤为重要。

在讲座即将随着锡昌堂外的斜阳落幕时，丁耘教授感慨道，我们当前的情绪反应具有真正的时代性，这正是基于基本情感的敞开性和人类对于意义的关注。而意义不仅处于语义学的逻辑世界中，更是敞开了一个世界。在此而言，世界历史即作为客观情感规定的历史。世界意义的运动正与客观情感的流转相匹配，由此生生无穷……

（整理：张云翼、蒋凯扬、苏杭）

"标识性概念"系列讲座第十五讲

革　命

主讲人：安东强
主持人：吴重庆
时　间：2024年10月9日
地　点：中山大学锡昌堂103讲学厅

安东强　中山大学历史学系教授、系主任，主要从事清代政治制度研究和辛亥革命研究。著有专书《清代学政规制与皇权体制》《孙中山史事编年（第二卷）》《晚清政治史的制度脉络》《清代科举制度与文体》及编纂有《孙中山思想政见各方论争资料集》（第一辑，全十册），参与清史纂修工程《清史·典志·教育志》与《清史·史表·学政表》，主持国家社科基金项目、教育部人文社科项目多项，在《历史研究》《文学遗产》《清史研究》等权威期刊发表论文30余篇。

"革命"是中国政治的标识性概念，语出《易传》："汤武革命，顺乎天而应乎人。"在法国大革命及19世纪欧洲革命的影响下，辛亥革命赋予中国固有"革命"概念新的内涵与外延，"革命"的概念融合古今中外的历史因素，逐渐形成独具中国特色的“革命”话语体系，开启了20世纪中国作为一个革命世纪的航程。此后历经国民革命的洗礼，“革命”实现从概念、话语体系到话语优势再次升级，成为20世纪中国最具政治影响力的一个概念。

“革命”概念与话语的复杂之处还在于，概念、事件（运动）、话语体系相互缠绕，不仅直接影响于历史现场，而且深深制约我们现在的历史叙述。重新厘清“革命”概念在古今中外因素影响下的演进历程，从概念重建历史，从历史脉络把握概念的内涵与外延，有助于准确把握20世纪中国革命的本事与本相。

“革命”的本事与本相

2024年10月9日下午3时，“标识性概念”系列讲座第十五讲“革命”在中山大学广州校区南校园锡昌堂103讲学厅举行。本次讲座由中山大学历史学系安东强教授主讲，中山大学哲学系吴重庆教授主持。

吴重庆教授在开场白中表示，“标识性概念”系列讲座选取的既是经典的概念，也是“活着”的概念，这些概念不仅“活”在我们的语言、生活中，也“活”在伟大实践中。“革命”就是一个这样双重“活着”的概念。

讲座伊始，安东强教授首先指出，孙中山与近代革命研究是中山大学历史学研究的学术传统。讨论“革命”概念的古今之变是一种学术使命，目的是展示如何接续前辈学人，进一步探究

“革命”之于中华文明的深远影响，从知识制度史的学术路径揭示“革命”在大历史脉络中的地位和影响。

一、概念研究的历史语言学取径

“革命”不仅是近代历史的重要问题，也是贯穿整个中国历史的大问题。受欧洲革命的巨大影响，“革命”（revolution）在近代由隐转显，活跃度和彰显力迅速攀升。这一宏观概念逐渐内化到中国政治、社会的方方面面，影响了形形色色的人群。目前，大家对这一演变历程争议很大，所谈的“革命”大多是各自在不同地域、空间、情景下的自我表述，缺少对“革命”知识谱系、话语体系的来龙去脉进行清晰、客观的事实梳理。

概念研究的历史语言学取径，有助于准确把握“革命”的内涵。1927年，傅斯年留学归国后，在中山大学提倡比较语言研究。后来，他运用历史语言学的方法写成《性命古训辨证》一书，提出“用语学的观点所以识性命诸字之原，用历史的观点所以疏性论历来之变”，即通过“求其古”以“求其是”，展示“性”“命”的渊源流变，这是一个非常成功的研究典范。

汇聚到近代中国的古、今、中、外各种因素，涉及不同文明的因子。中国固有的语言文字无法涵盖来自不同文明、不同文化的事物，不得不因应外来文明而衍化出大量的新名词。桑兵教授就该问题有过专门论述，提倡“循名责实”，“用语学和史学相辅相成的取径研究思想史”，其难点在于“必须严格掌握适用的范围、对象和尺度，尤其是探源与求变不能混淆，不能脱离材料与史事原有的时空位置及其相互联系”。

古代儒者对“性”“命”的讨论属于经学的范畴，往往要定于一式。“革命”涉及近代意识形态，也有定于一式的问题。但讲经与讲史是两种完全不同的思路，需要做到求同存异。一味见异而不见其同，会令人觉得难以把握。一味求同而抹杀其异，则容易集两千年为一线，倒放电影，以一时、一地的概念涵盖所有的历史。如何走出这一困境？傅斯年先生所做的努力就是很好的垂范。

二、“革命”的固有意涵

《说文》解释“革”为“兽皮治去其毛”。甲骨文和金文的“革”，即一张完整的兽皮被展开以后，加上前脚、后脚、头、尾巴。这无疑就是血淋淋的事物。其原始涵义与欧洲的有很大差别，这意味着后来国人讲起革命时，流血的事情有其天然的渲染力。

“革命”出于《易传》：“汤武革命，顺乎天而应乎人。”据傅斯年研究，“命”最初来自“令”，均为王令之意，而“命”出现于西周中叶，盛于西周晚期。“天命”虽出现较早，但“天命之命与王命之命在字义上亦无分别”。故此，“革命”从事物性的描述转变为抽象的概念，应不早于周代。

如何考量天命？到了东周时期，不同的人纷纷试探这个问题。最有名的莫过于楚子问鼎中原，他得到的回答是天命“在德不在鼎”。这是一个重要的转移，即避免用鼎的重量决定是否应该改朝换代。从此时开始，历朝历代均以失德作为发起革命的标志。秦统一天下之后，秦始皇接受了五德终始说，但秦还没来得及详论该问题就灭亡了。

汉景帝时，儒生一度讨论汤武革命到底是受命还是以臣谋君，很快遭到压制。但此后两千多年的政治演进一直在实践中重复该问题，后来人摸清其中的奥秘，即傅斯年所言“革命之解，以人事为天命之基础”。正是在汉代，儒家学说成为皇权体制的学理支撑，天命、革命、儒家、皇权捆绑在一起，成为中国皇权体制时期最大的意识形态和典章制度的大问题。然而，由于不断有事实、有实践、有行动，后代不可能完全回避“革命”的问题。比如，朱元璋的军队攻克元大都后，群臣就上表称贺称：“自昔革命之际，以臣取君者多，惟汉高祖取秦起自民间。今陛下不阶尺土，一民以定天下。”至辛亥革命时期，孙中山喜欢借鉴明太祖的故事，又对应欧洲的“国民”观念，将他的民主革命思想以“民”贯之：种族方面叫“民族”，政治方面叫“民权”，社会方面叫“民生”，报纸叫《民报》，政党叫“民党”，合法性论证比附了朱元璋当年“驱逐鞑虏”的“起自民间”。这也是中国“革命”的古今关联。

三、“革命”的转义

“革命”不仅是一个古今的问题，还是一个中外的问题。同样的物事在自己的文化里虽有一致的表达，但也会有变异。比如关于“性命”问题，汉儒讨论的是如何巩固皇权，宋儒则要重塑人伦与君纲，所以汉儒与宋儒所讲的孔孟必然不一样。但这毕竟还是一以贯之的文化脉络。在近代，知识与制度在不同文明之间流动，这时，人们既要考虑如何在不同的语言与文化环境里表达新事物，又要考虑不失其本意。“革命”与revolution的中外联动，即为此例。

据学者研究，英文revolution源自拉丁文revolvere，意为天体周而复始的时空运动。14世纪以后，与revolution同根的词汇开始用于表达反政府的起义或暴动。最后，叛乱与革命的界限逐渐模糊。revolution转出新的政治含义，与英国“光荣革命”和法国大革命有关。两个完全不同形式的政治运动，最终却用了同一个词表达。汉娜·阿伦特认为，18世纪末以来，revolution的含义随着政治和哲学的不断演变，逐渐从“周而复始”的含义，衍生出一种“奇特的唯新是求的情结”。“革命”逐渐被喻为“洪流”“巨浪”，标示了某种不可抗拒的历史前进方向。后来孙中山也说：“世界潮流，浩浩荡荡，顺之则昌，逆之则亡。”

较早以revolution指称中国之事的是马克思。1859年，他在《中国革命与欧洲革命》一文中，以“中国的革命”指称太平天国运动，并将其与欧洲革命对比。在东亚的世界，以“革命”指称法国的revolution经历了从否定到肯定的过程。章太炎在戊戌变法前认为，中国革命“系一国一姓之兴亡”，欧洲革命则系“不逞之党，假称革命以图乘衅者，蔓延于泰西矣”，中国要改变现状，必须“以革政挽革命”。需要注意的是，章太炎所言的“革政”不是不推翻清朝，而是要创建新的政治模式，比中国固有的“革命”更加激进。

目前看来，以“革命”对译revolution是近代日本知识人完成的工作。中文“革命”一词从中国传到日本，仅有音读，即かくめい。日本对该词词义进行改造，走上与中国完全不同的传统道路。在中国，“革命”是异姓改革；日本则接受了原来“汤武革命”中“顺乎天而应乎人”的含义，神武天皇的确立意味着完成了“汤武革命”，此后不可再做更改。“革命”在日本成为维护天皇权力的学理基础，“尊王改革”之义使得“明治维新”

与“明治革命”同义。后来，所有欧洲的revolution均被译为“革命”，未区分两种不同的革命传统。在晚清维新变法的历史语境中，受日本、英法和中国原有传统的影响，“维新”与“革命”未必有后来认为的改良与革命的路线鸿沟。

在知识谱系方面，梁启超对中国“革命”话语的转义贡献很大。戊戌变法失败后，他开始大量使用“革命”一词，并且摆脱了中国传统“革命”话语的局限。但问题在于，不同文明话语的对接，必然产生种种变体，呈现出模糊性。这种模糊性在梁启超身上表现得最为明显。1902年，梁启超撰写《释革》一文，强调日人将revolution译为“革命”并不确切，指出其本意是“变革”，与“汤武革命”无关，以此与孙中山的革命党人立异。

“革命”话语的模糊性或多重性，对于晚清很多士人而言，是一个很缠绕、很复杂的问题，反而给了梁启超在政治言论层面闪转腾挪的空间。正是在与梁启超政治论战的过程中，孙中山等人关于“革命党”的自觉逐渐形成。因此，从严格意义上讲，革命党与保皇派最初的论述，其实质即为“革命”意涵的话语之战。

四、“革命党”的“革命”自觉

孙中山到底什么时候开始将他的身份定位为“革命党”、将其言行认定为“革命”，这仍是一个聚讼纷纭的问题。陈少白和冯自由提到，这应与日本人将英文的revolution译为中文词“革命”，以及是日本人首先将孙中山一派称为“革命党”相关。

因此，要厘清近代“革命”转义的变化，需要让原来历史认识的确定的问题回到不确定的状态，即把握从无到有的历史进程。通过比勘陈少白的回忆和大量历史文献，分析日本人对孙中山“革命党”身份的认定过程和时间节点，这提示我们研究“革命”概念时需查阅原始文献，回到原来的历史语境。唯有如此，才能准确把握历史演进的过程和时人对“革命”赋予的新意。不过，日本人称呼孙中山为“革命党”，并不意味着孙中山的“革命党”形象已经奠定。此时的孙中山更注重联合各方的实际行动，而非阐释“革命党”及“革命”的内涵与外延。

1902年，宫崎寅藏《三十三年之梦》出版，以“革命党”及“革命”贯穿孙中山的前期生涯，孙中山对此完全接受。1903年，中国关于“革命”意涵的自觉性基本上到来，章士钊《大革命家孙逸仙传》、章太炎《驳康有为论革命书》、邹容《革命军》都是重要的历史文献。同年，孙中山在美国檀香山发表演说，强调“革命为唯一法门”，其“革命”是走向共和政体的革命，而不是保皇派人梁启超所言的“革命”。他所撰写的*The True Solution of the Chinese Question*（孙中山手书，中文名为《革命潮》）一书，对“革命”进行了完整阐述。至此，“革命”基本上完成辛亥革命时期古今中外之间的转义，并且逐渐从多歧走向统一。不过，“革命”概念在20世纪中国历史中的演变并未就此终结。

五、“革命”的制度与学理支撑

“革命”如果只是停留在观念和论争层面，那么尚不足以成为关键问题。孙中山还设计了中国革命的程序和制度。1904年，为避免出现法国大革命式的悲剧，孙中山提出革命程序论，即军法之治、约法之治、地方自治法。1906年，孙中山拟定《中国同盟会革命方略》，刊发《军政府宣言》等文件。武昌起义以后，各地不约而同地采取孙中山规划的制度、组织和程序。这是孙中山革命言说在辛亥革命时期潜移默化的结果，体现了一位不在革命现场的领袖如何影响国内革命运动。

在中国革命学理方面，孙中山提出民族、民权、民生三大主义，希望“毕其功于一役”，预言“二十世纪不得不为民生主义之擅场时代”；在三权分立的基础上，提出五权宪法。《建国方略》是孙中山晚年对中国革命的愿景，包括“孙文学说”“实业计划”“民权初步”三个部分，意在构建意识形态、物质基础、政治制度相结合的体系。

在十月革命爆发以后，特别是在列宁的“世界革命”影响之下，中国“革命”的意涵又呈现出新一阶段的转义和丰富。其中的关键人物是孙中山与毛泽东。孙中山晚年关于中国“国民革命”的论述，以“新三民主义”为主体。而毛泽东后来居上，构建起中国旧民主主义革命、新民主主义革命到社会主义革命的新革命序列，尤其是关于新民主主义革命的论述。这当然又是一个关于“革命”的全新命题，而且较之辛亥革命时期的“革命”话语体系更为复杂和丰富。

“革命”概念进入近代中国是一个全方位的历史进程：既要实现古今中外各类文明因子的整合与再阐释，又从概念、知识进入到思想、学理层面，再深化拓展到革命行动和制度体系，不仅重构了中国的政治制度与意识形态，而且具体影响到每一个人的思维与行为。这个历史进程不仅是一个重要的学术问题，而且或许能够为把握中国文明的未来走向提供一种理解路径和学理支撑。

关于“革命”后的中国最终会走向何方，孙中山在1904年的

《中国问题的真解决》中阐述了他对中国革命前景的想象。他自信地说：

> 一旦我们革新中国的伟大目标得以完成，不但在我们的美丽的国家将会出现新纪元的曙光，整个人类也将得以共享更为光明的前景。普遍和平必将随中国的新生接踵而至，一个从来也梦想不到的宏伟场所，将要向文明世界的社会经济活动而敞开。

他在当时已经感受到中国的革命已经不仅是中国的问题，而是整个世界的问题，“拯救中国完完全全是我们自己的责任，但由于这个问题近来已涉及全世界的利害关系”。归根到底，是革命后的中国如何造福于国民，如何贡献于全世界的人类文明。

六、交流互动

主持人吴重庆教授对讲座进行点评，他认为在时局动荡的近代，只有把握“革命”与历史事件的联系，才能理解“革命”概念的来龙去脉和含义流变，本次报告为研究“标识性概念”提供了很好的示范。

在场的老师和同学积极参与讨论和提问，安东强教授一一做了详细回应。有老师提问：对比世界意义的“革命”，作为中国标识性概念的“革命”有何特点？安东强教授认为，即使再具有“标识性”，也会有变化。从西周到清朝，与政治有关的“革命”变化不大；讲座所讲的转义时期是中国接受的问题；毛泽东以后又发生新的变化。“革命”概念经历了从接受外来影响，到逐渐成为中国标志的过程。全球如何认知并接受近现代中国革命，是深化该研究的重要视角。

有同学就革命的目的发表了自己的观点。安东强教授认为，在中国的语境下，近代革命者的重要目标是追求民族独立、国家富强、民生改善，这是近代中国革命必须要解决的难题，未必与其他国家和地区完全相同。“革命”话语在不同时期、不同国家延伸出不同的形态，这种差异性恰恰有助于推动演变、产生活力。

（整理：张锐滨）

“标识性概念”系列讲座第十六讲

平　等

主讲人：高瑞泉
主持人：陈少明
时　间：2024年10月28日
地　点：中山大学锡昌堂103讲学厅

高瑞泉　生于无锡，高中毕业后曾在农村插队落户八年有余。1982年被华东师范大学破格录取为中国哲学专业研究生，1988年博士研究生毕业后即留校任教。2002年受聘为华东师范大学首批终身教授。现为*ECNU Review*主编，兼任华东师范大学中国现代思想文化研究所研究员、国际儒联顾问，曾先后兼任华东师范大学哲学系主任、人文学院院长、人文社会科学学院院长、《华东师范大学学报（哲学社会科学版）》主编。

著有《天命的没落——中国近代唯意志论思潮研究》《中国现代精神传统——中国现代性的观念谱系》《从历史中发现价值》《智慧之境》《平等观念史论略》《动力与秩序——中国哲学的现代追寻与转向（1895—1995）》《中国观念史的视域与方法》；主编《中国近代社会思潮》、“中国的现代性与人文学术”丛书、《中国思潮评论》丛刊；另有合著《20世纪中国社会思潮》等数种。

“作为一种具体的社会和政治要求，平等是拉开现代社会序幕的一系列重大革命的产儿。”“平等”的古今之变，是从“消极平等”转变出“积极平等”的历程，在中国则是从儒释道诸家的“平等”之形上学转变为“平等”之社会学和政治学，后者又在现代三大文化派别中呈现为斑驳的光谱。

本次讲座将着重分析传统儒学所蕴藏的平等观念的四个诠释向度，和社会主义以“平等”为价值优先的倾向，如何在“平等”的古今之变中形成历史的耦合，进而影响到中国社会的现代走向。

“积极平等”从“消极平等”中长出来

2024年10月28日下午3时，“标识性概念”系列讲座第十六讲“平等”在中山大学广州校区南校园锡昌堂103讲学厅举行。本次讲座由华东师范大学高瑞泉教授主讲，中山大学人文学部主任、哲学系陈少明教授主持。

陈少明教授在开场白中介绍，高瑞泉教授长期从事中国思想史研究，特别是近现代思想史研究、观念史及其方法论研究、“平等”观念研究。陈少明教授说，他与高瑞泉教授相识于编写《中国现代化史》（许纪霖主编，1995年出版）之时，后来他受邀参与高瑞泉教授主编的《中国近代社会思潮》（1996年出版），以及高瑞泉教授在华东师大的荣休仪式，二人学术友谊长青。陈少明教授还回忆二人在香港时的一件趣事，从中颇能凸显高瑞泉教授的“平等”理念，由此切入本次讲座的“平等”议题。

一、“概念”与“观念”

高瑞泉教授首先盛赞“标识性概念”系列讲座，认为这是一个非常好的构思。它可以搭建一个学术发表的平台，来展示历史进程中涌现的那类重要词汇之富赡的面相，因为它们既是学术史上的关键术语，也在某种意义上界定了历史和文化。在过往的中国哲学史著述中，关键的术语被称作“观念”“概念”和“范畴”，“范畴”是最重要的核心概念。思想史家将它们都归结为“固定化的思想产品”（史华慈），而中国哲学史界的诸位前贤（张岱年、劳思光和牟宗三等），一方面注意到“概念”和“观念”有差别，另一方面又常常并用乃至混用二者。张岱年先生有研究中国古代哲学概念的专书，认为中国哲学的“概念”和“观念”都可以加以分析，不过他施以分析的均为“概念”而非“观念”。冯友兰先生则一概称之为“观念”。金岳霖先生从知识论的视角，区分“观念”和“概念”：“从心理状态说，是前者比较模糊，后者比较清楚。从思议底内在结构说，前者可以有矛盾而不必有矛盾，后者不能有矛盾。”看日常语用的习惯，谈到知识的时候，或者在认识论的问题上，常常用“概念”，谈到具体价值问题的时候，习惯说某某“价值观念”，而不会说“价值概念”。“价值概念”指的是“价值”这个概念本身，它在价值理论中是应该获得清晰、自洽的界定的。而具体的价值观念，则不仅有认知的内容，也伴随着情感的意味。因此，在“标识性概念”系列讲座中，讲平等观念，一方面固然是尊重通常的语用习惯，另一方面，也是因为“平等”这样一个似乎人人都懂的术语，其实不易讲解清楚。“平等”诚然具有标识意义，因为它对于现代社会是奠基性的。不过表面上似乎全社会得以共享的某种观念，实际上却是持续争论的平台，可以把它称为“诸神纷争”。如果能够描述这个图景，揭示其中的矛盾，分析各种观点之所以能立足及其所以然，进而勘明它对社会生活的影响，就算在“认识自己”上有所收获了。

二、“消极平等”与“积极平等”

“平等”是一个古老的理想，古今“平等”观念存在巨大差异。在恩格斯看来，古老的“平等”观念强调人之为人的抽象共同点，而近代的“平等”观念则演变为主张平等的政治地位和社会地位，这一演变过程历经几千年。诚如亚历克斯·卡里尼克斯所言：“作为一种具体的社会和政治的要求，平等是拉开现代社会序幕的一系列重大革命的产儿。”高瑞泉教授解读说，“平等”不是一个纯粹的“从观念到观念”的产物，它是和社会行动结合在一起的，而社会行动引起社会建制的变化，最终开启了近现代社会的进程。因此，“平等”本身并非亘古不变，古代“平等”与近现代“平等”之间存在着断裂或飞跃，彼此有万般不同。就像罗尔斯说的：“平等有许多形式，平等主义也有程度的不同。”

在中国，清季遭逢“三千年未有之大变局”。思想家严复提出“消极平等”与“积极平等”的区分，认为佛教与基督教这些宗教的所谓平等“乃皆消极之平等”，与卢梭“所标积极之平等，倜乎相远，而必不可相同者也”（《社会契约论》，旧译《民约论》）。这一区分与恩格斯类似，二人同样强调“平等”观念的古今之分，然而恩格斯对“人之为人的抽象共同点”进行了分析，归结于宗教。高瑞泉教授认为严复的这一区分是重要的，我们可以接着严复的“消极平等”和“积极平等”继续探索。

高瑞泉教授指出，“平等”一词是佛经翻译过程中的佛词转为俗语的结果，指一切现象在共性或空性、唯识性、心真如性上没有差别，可以说是“平等”观念的形上学。原始佛教（小乘）不会因此而改变世间的不平等，而是重视改变自己，是“内向”的。当然释迦牟尼创教，本身就是对印度种姓制度的抗议。据传，释迦牟尼曾经接受妓女的施舍，他的追随者之间也并无尊卑之分。而大乘佛教“佛性”论与儒家性善论甚能相契合，普度众生的宗旨重视感化他人，有“一人不出地狱，我不出地狱”的志向，故亦有其“外向”的一面。所以“内学”也可以有救世的情怀。大乘佛教最终在中国落地生根，得益于其僧团组织建制化，仿照的是儒家伦理。西方的情况则有所不同。基督教将上帝和人的关系说成是“造物主”和祂的“创造物”之间的关系，既然所有的人都是上帝所创造，人与人之间即是平等的。基督新教的“因信称义”和“天职”等观念，令每一个基督徒都可以独对上帝，不需要教会作为中介。基督教神学、卢梭和洛克等的政治哲学坚持所有人生而平等地享有财产、自由和生命的权利，社会和政治的平等背后有神学支撑。

但卢梭又说现实中的人类有两种不平等，一是“自然的或生理上的不平等”；二是“精神的或政治上的不平等”，表现为不平等的社会制度。卢梭主张第二种不平等应该消除，即所有的人都应该平等地享有政治的和社会的权利。高瑞泉教授分析说，启蒙运动把上帝面前所有人的“平等”，转变为世俗生活中人际“平等”的联合，按照社会契约论建构的政治权力，理论上承认每一个成年人都平等地参与国家意志的构成。社会秩序的原理或者“权威”的理由，从垂直的君权神授转变为横向的契约。“平等”从神学或形上学转向社会学和政治学。在这个意义上，我们不妨说，“积极平等”是从“消极平等”中生长出来的。那么，在中国，“消极平等”如何生长出“积极平等”？

三、中国“平等”观念的前世今生

古典时代的儒释道如何处理“平等”与“不平等”的问题？高瑞泉教授指出，除了佛教有“平等”的术语，古汉语“齐”“等”“同”等词汇也用来表示类似的意思，政治社会地位的差别则用“贵”“贱”表示。

先秦儒家从孔子说起，其仁学讲“仁者爱人”，其中存有“泛爱众”和“爱有差等”的张力。在政治生活中则是“惟齐非齐”（《荀子》），社会秩序由“礼”来加以规范。“礼”的依据是“名”，名分规定了各人之所当为，以及个人与他人的关系。所以，后来的“礼教”又称“名教”。汉儒则高举“三纲五常”，强调一种天然的等级秩序。中国佛教诸宗派的佛性论均主张人人能成佛，禅宗讲“顿悟”，可以立地成佛。但是讲究“渐”的更多，修行中的果位仍有高低之分，现实中僧团组织有着严格的等级制。我们也可以说这意味着“不齐而齐”，因为佛教以“空”解世界，在终极的意义上，人是“平等”的。道家有些类似，庄子承认世俗生活中有贵贱之分，因为“以物观之，自贵而相贱”，按照世俗的标准，“以俗观之，贵贱不在己”；假如我们改变视角，“以道观之，物无贵贱”，所以重要的不是改变现实世界，而是改变我们的看待世界的方式。由此可见，古代儒释道三家的“平等”观念确乎是比较弱的，无意也无法再转化为改变世界的社会行动。严复用“消极平等”来界定，当无大过。

19世纪中叶，中国开始了现代化的进程，其间发生了一系列的社会革命，其社会后果之一，即“平等”成了为新中国价值奠基的现代观念，它影响到政治、社会和文化的诸多方面。这个过程看起来好像与古代之儒释道并无关联。人们最初比较注意的是卢梭《民约论》（《社会契约论》）给中国带来的“积极平等”观念。进一步的研究发现，不但子学的近代复兴带来了庄子（讲“齐物”）和墨学（讲“兼爱”）的复兴，而且佛教的复兴同时指向了“救世”与“救心”。更为强势的一脉，是以康有为、谭嗣同为代表的现代新儒家先驱，和以梁漱溟、熊十力为代表的第一代现代新儒家，他们都很鲜明地主张“平等”，后者还都投身于辛亥革命。正是这场革命，终结了千年帝制，开启了共和。

康有为的《大同书》和谭嗣同的《仁学》都标志着《礼运》等儒家经典可以生发出激进的平等主义。前者以现代乌托邦的创制，影响了几代中国知识分子的社会理想，后者则有将其转变为直接的政治革命行动的意向。梁漱溟被称为“最后一个儒家”，他批评古代的礼教“全成了一方面的压迫”，是中国文化“一个最大的不及西洋之处”。熊十力则更为激烈：“然则平等之义安在耶？曰：以法治言之，在法律上一切平等。国家不得以非法侵犯人民之思想、言论等自由，而况其他乎？以性分言之，人类天性本无差别。故佛说一切众生皆得成佛。孔子曰‘当仁不让于师’，孟子曰‘人皆可以为尧舜’，此皆平等之义。”从康、谭到梁、熊，我们看到一条明晰的线索，在“平等”问题上，儒家实现了一次传统的创造性转化。

与“消极平等”走向“积极平等”的历史平行的，是社会政治生活的巨变：中国是亚洲第一个推翻帝制的国家，辛亥革命后的每一部宪法都明文规定所有公民在法律面前一律平等。从国际政治角度看，民主革命的一个重要目标是“自立于世界民族之林”，二战以后，中国成为联合国五大常任理事国之一；在成为世界上第二大经济体之后，中国的外交原则依然是国家不分大小，都应该平等相处。中国的现代化走社会主义道路，社会主义在价值排序中取平等优先的选择。我们能够看到，近现代的“平等”观念对我们国家和社会生活产生的影响几乎是全方位的。男女平等、教育公平、消除贫困和共同富裕的目标，是中国领先诸多发展中国家的特征。

社会生活和观念世界互相交织的历史，可以通过对儒家传统观念的现代转化过程的反思，勾勒出较为细致的脉络。

四、儒学“平等”方向的四种诠释

现代新儒家及其先驱告诉我们，返本开新是必由之路。高瑞泉教授认为，儒学思想中存在可以做“平等”方向的四种诠释。

第一，从人的相同性出发的人性论建构。对思孟一系的心性论传统，主流的诠释肯定了人在超越的层面上是平等的。“四端”决定了人人都有成德成仁的先验根据，而“忠恕”之道作为一个可普遍化的原则，隐含着“人应该普遍地得到尊重”的观念，因而与现代“平等”观念所说的“同一社会所有人都平等地享有人格尊严”的要求，有某种内在联系。更重要的是，性善论将人的相同性演化为人在神圣性领域的同一性，它由“圣凡平等”最后发展为“人人能够成为圣人”，进而实现“人之人”与“天之人”的统一。因此，古代儒家相同性的“平等”就不再只是“描写性的概念”，而变成了“规范性的概念”。换言之，从相同性出发的人性论（性善论），以人在“德性”“自尊”的相同性为中介，转变为指向了人的相同性（在社会政治等领域即为平等）的哲学辩护。

第二，“有教无类”与“任贤举能”指向“平民社会”和阶层流动，这是从社会史的视角进行诠释。主张社会变革的中国思想家一开始就注意到：孔子开始实行“有教无类”，后来发展起来的科举使得“任贤举能”的理想获得了制度保障，官职向社会开放的程度是中世纪的西欧所不能比拟的。尤其是唐代以后的科举取士，完全唯才是举，“有才则白屋之子可至公卿，非才则公卿之孙流为皂隶”。到了宋以后，世袭的贵族就少有了。康有为曾言：“孔子首扫阶级之制……贵族扫尽，人人平等，皆为齐民。”梁启超也说：“中国可谓无贵族之国，其民可谓无阶级之民。”君王可以起于草野，遑论科举取士了。

第三，对儒家经济主张作平均主义向度的解释。高瑞泉教授认为，作为一个高度关注世俗事务的学派，儒家重在“教养”，其正常理路是“教”在“养”中，“养”而后“教”，以“养生丧死无憾”为“王道之始”。相反，“富者地连阡陌，贫者无立锥之地”的贫富两极分化，被认为是一种社会危局，通常都予以道德谴责。“不患寡而患不均，不患贫而患不安”，在经学家、一般文人乃至官僚中间，有着不同的解读。注重等级秩序的正统儒家坚持贵贱、富贫的二元对立，他们的解释难以与经济平等或平均主义兼容。另一种解释则不注重训诂学的方法，更多地从解决社会实际问题的需要出发，将孔子的这一政治性命题，改造成以平分财富为基本内涵的经济思想的命题。这成为中国近代以来平均主义思潮的传统资源。与此相似的是“大同”理想的解释。“大同”作为被现代人所发挥的儒家传统之一部分，来自儒家经典《礼运》，“大道之行”以下那一段描写“大同”理想的文字，被近代人借助工业化的社会条件，发展为高度富裕、人人平等（“破九界”）的现代乌托邦。

第四，在伦理学向度上作社群主义的解释。近代以来，“仁”“信”“诚”等儒家规范反转成为颠覆等级制度和权威主义的范畴。首先就是将“朋友”一伦解释为“平等”的关系，如谭嗣同批评“三纲五常”，以为“五伦”中只有朋友一伦可取。谭嗣同以后的学人，更进一步将儒家伦理在parity（对等）而不是在equality（平等）的意义上予以解释，反对将“三纲五常”简单地视为单向度的责任或服从关系，而认为其既是等级的又是双向的、近乎对称的相互性关系。高瑞泉教授认为，梁漱溟对儒家“人我关系”或“群己之辩”作一体性互补的等差关系之解释，其核心在于拒绝西方原子主义的个人和个人权利的平等。现代新儒家们会认同这样的表达：“一个有活力的儒家民主必须提倡一种建立在个人的公共源头基础上的平等，而不是建立在个人主义概念基础上的平等。”

最后，高瑞泉教授对讲座主题进行简要的总结。他认为，在推动社会进步的过程中，“平等”并非能够单独起作用的价值，而要同其他观念协同作用；“平等”既有不断扩张的本性，又因其多向度扩张而在各向度之间存有紧张，比如诸种“平等”观念之间的内在张力，又如“平等”与“自由”的互相掣肘……因而不存在所谓“彻底平等”或“绝对平等”：前者是无政府主义，后者则导致平均主义，两者都不能成为社会建制的有效原则，因为其本身会自我瓦解。

五、交流互动

讲座结束后，陈少明教授补充了高瑞泉教授关于“概念”和“观念”的分析，他说，如果我们把“平等”作为一个标识性概念，意味着我们对这个词的理解要有一个分析清理的过程，清理完后，这个词就可以说是一个“概念”。他觉得高瑞泉教授的工作很好地完成了这个分析清理的过程，讨论的内容非常多且深刻，古今中外的东西都整合在一块，从观念到行动到社会制度，富有层次地重叠推进。陈少明教授同时指出，高瑞泉教授对“平等”的思考是高度反思性的，不是从某一方面讲“平等”而已，而是多视角去分析，并且最后分析了“平等”与其他价值观念的互相矛盾。陈少明教授说，这一分析告诉我们，在思想领域，没有一个“概念”可以“打遍天下无敌手”，每个“概念”都必然有其局限性，这是需要我们注意的一点。

话音刚落，同学们踊跃举手提问。有同学问：我们往往会在不同时代，对儒家思想作出不同解释，但是这些解释却往往打着“寻找最原初的儒家”的旗号，他们都在尝试追寻最原初的儒家“概念”，但在过程中却往往阐发出了不同的“观念”。换言之，他们在用不同的“观念”去理解、去尝试追寻一个“概念”化的结果，这样的行为是否能成功？

高瑞泉教授回答道：这一问题本质上是“他心”问题，也就是“我能否完全理解他者”的问题。后人研究原初的儒家，一是依赖文本和训诂学方法，以及地下挖掘出来的材料，也就是王国维先生所言“二重证据法”；一是要努力回到当时对话者的语境。其中，回到当时的语境是非常难的，因为历史是一次性的过程，我们无法穿越回去。作为研究者，我们只能尽可能悬置自己的价值判断，尽量客观地去研究。这样去做，虽无法百分百还原，但可以不断接近原初的情形。

另外一个同学问：我们说“平等”观念是含混的，其中一种情形是不是我们和西方的观念排序不一样？我们是否能够借鉴西方诸观念排序的做法，来调整我们的观念排序？

高瑞泉教授回答道：“西方”不是一个“西方”，“我们”也不是一个“我们”，二者都是多元的。今天尚未讲到“平等”观念的光谱，这里补充一下。简单说来，“平等”观念有保守主义的、自由主义的、激进主义的。三者都承认“平等”为现代社会的共法，但是他们是在不同程度和不同意义上承认的。比如，社会主义以“平等”优先；自由主义则以“自由”优先，但是也承认“平等”；保守主义则将“平等”排在较靠后的位置。每个人的情况不同，每个国家的情况不同，会有相应的观念排序。换言之，借鉴的意义不是很大，更多的是根据自己的情况进行调整。

最后，刘伟副教授提问：不论在理论文本中，还是在清代晚期对理论的重新解释中，都强调“平等”与“私有财产的占有和继承”是矛盾的，所以他们都反对这个事情。而从法理上说，财产占有和财产继承这两种权利的逻辑也是不完全一致的，比如说今天征收财产税和征收遗产税的阻力肯定是不一样的。那么，“平等”是否和私有财产继承之间存在先天的矛盾？

高瑞泉教授回答道：洛克提倡生命权和财产权神圣不可侵犯，其中的财产主要是通过劳动所得，因付出了时间，其重要性等同于生命。这一意义上的财产权主要是指财产占有权。至于财产继承权，出于“平等”的考量，有些地方会通过高遗产税去限制，比如北欧。因此，“平等”与财产继承是矛盾的，但是可以通过制度缓和这一矛盾。

（整理：黄子锋）

“标识性概念”系列讲座第十七讲

局

主讲人：方向红
主持人：朱　刚
时　间：2024年11月4日
地　点：中山大学锡昌堂103讲学厅

方向红　中山大学哲学系外国哲学专业教授、博士生导师，德国洪堡基金获得者，中国现代外国哲学学会副理事长，中国法国哲学专业委员会秘书长。主要研究方向为现当代德国哲学、法国哲学和中西比较哲学，尤其侧重于现象学。出版专著3部、译著3部，发表学术论文70余篇。

局，加上不同的修饰词，我们立即会找到集各种矛盾表述于一身的词语簇。局，可以很狭小很狭隘，例如局限、局迫；也可以很广阔很大气，例如局面、大局。局，可以是部分，如“各司其局”（《礼记·曲礼》），也可以是整体，如全局；局，可以很严肃很正式，例如教育局、公安局、书局，也可以很随意，比如饭局、酒局；局，可以跟现实密切相关，如战局、政局、局势，也可以完全脱离现实，例如包括棋局在内的各种游戏之局；局，可以同高尚挂钩，例如格局；也可以同卑劣为伍，如骗局、赌局；局，可以在时间中展开，如开局、中局、残局、定局；也可以在空间中矗立，如局中、局外；局，可以指弯曲之物，如局脚、局背，也可以指耿直之士，如局气；局，可以布，可以设，可以摆，可以搅，可以破，但不可以观和赏，除非你在局外，视局为作品；局，可以是僵的，是危的，是死的，但不可以是悲的或喜的，除非你是在终局之后，把局当剧本。显然，局有一个比上述各种矛盾表述更为基础的结构。如果说世界是事的总和，而“世事如棋局局新”（宋·释志文《西阁》），那么，人的世界就是事—局的加乘和变迁。

局，有权利要求成为一个标识性的概念，而我们有理由询问局的结构。从海德格尔—邵雍的观物来看，物的结构是天地人神。从易学—现象学的视角看，事的结构虽与物类似，但二者模态却大不同。在物中，天与地，定位清晰；人与神，生死与显隐泾渭分明；而在事—局中，天地之位将定未定，人神之间未合将合。事—局的结构并不是只能简单地一分为四。它可以一分为二，为三，为四，为五，它甚至可以划分成任意自然数。但这种划分本身并不是任意的，它可以在最严苛的意义上完全符合胡塞尔“关于整体与部分的学说”（《逻辑研究》之“第三研究”）的要求。这种可分性也对应着局的种类的丰富性和多样性。多种多样的事—局种类并不是比肩并列的关系，它们之间是相互转化的。这种转化我们通常称之为变局。

虽然局的结构和变化复杂多样，但紧要处有二。一是局

“部”之间的易与不易、先天与后天、分与合、显与隐、生与克诸特性及其关联；一是局与局之间由在“部”的层面上的位序、位差、换位等所触发的变化机制。将这两个紧要之点验之于现当代的形而上学、政治哲学、法哲学、伦理学、社会学和管理哲学及其实践，会映现出别样的理论景观、学术猜想和实践预测。

“局”外无人，“局”内无我

2024年11月4日下午3时，“标识性概念”系列讲座第十七讲“局”在中山大学广州校区南校园锡昌堂103讲学厅举行。本期讲座由中山大学哲学系方向红教授主讲，中山大学哲学系朱刚教授主持。

朱刚教授首先感谢并肯定了方向红教授为学术研究而组的这场“局”。他表示从这场讲座独具匠心的名称——“局”就可以看出，这是方教授跳出具体实事领域的又一次思想探索，尤令他印象深刻的是方教授在讲座介绍中指出：“局，有权利要求成为一个标识性的概念，而我们有理由询问局的结构。”朱教授认为这说明了“局”既具有深刻的哲学结构，同时也能反映出汉语文化圈的基本生活经验，由此欢迎和期待方向红教授在讲座中为我们揭开其中的奥妙。

方教授上台回谢朱教授为其主持大“局”。他进而坦言对“局”这一哲学概念的发现与思索其实早已萦绕于心，但也忧于其从表面上看来所形成的一个困“局”：一方面，我们在西语中找不到与之对应的翻译；另一方面，“局”这一概念在中西方哲学史中都未曾出现或被反复讨论。为此，方教授特别感谢中山大学人文学部举办“标识性概念”系列讲座并向他发出邀请，从而推动他打破这一困“局”，将“局”作为“标识性概念”而提出，以呈现其所蕴含的哲学性内涵和特点。接下来，方教授便开始展示他对“局”的运思布局。

一、“局”的初步定义

开宗明义，方教授依循解释学循环的原则尝试给出“局”的一个初步定义：“一个包含多元素及其关系的系统”。一个局如果成立，它至少要包含多个元素，元素之间要有关联，并形成可以运行的系统。但这还不够，局至少在横截面上是相对稳定的，且一定有人的参与。因此该定义可以修正为：“一个相对封闭的包含人和诸元素及其关系的系统”。但这似乎与我们的日常生活经验还不够贴近，因为任何一个局，都含有某种或隐或显的主题，这个主题由组局的主要人员确定，或出于某种自然目的而设立。方教授进一步将定义深化为：“一个为了某种目的而人为设计或自然形成的相对封闭的包含人和诸元素及其关系的系统”。由此还可以引申出一个推论——局外无人，因为只要有人的地方就有目的，就有包含人和诸元素及其关系的系统。

二、寻找“局”的特点与定义更新

方教授在解释完“局”的基本概念框架的基础上，归纳出“局”的几个临时性的内在特征：“它不是一个点，而是一个面；它是一个整体，含有相互关联的部分；各部分在时间上相互影响，在空间上相互并列；有一定的结构；这个面是非平面非直接的，有迂回有反转有高潮和低潮。”紧接着，方教授从量词使用和词语搭配两个方面，指出“局”的临时性特征和初步定义的不足。

首先，对于“一把椅子”来说，具身性的动作“一把”将“我”的身体与椅子在生存论上和语用学上关联了起来；“一张报纸”则在“我”把它铺开张大的瞬间向“我”呈现。以此类推，我们在一“首”诗中可以发现，“首”不是一个点而是一个面；在一“部”电影中，我们可以发现一个整体被剖开成各个部分，且这些部分之间有时间和空间上的关联；在八“阵”图中，我们可以找到“山前车队”的结构；在一“曲”戏中，我们可以看到情节的迂回反转以及高潮和低潮。这些量词在不同的程度上都具有“局”的特征，但我们却不能用“局”来代替它们。

其次，“局”在词语搭配时，我们也会发现一些值得注意的现象。局，可以布，可以设，可以摆，可以搅，可以破，但不可以观和赏，除非你在局外，视局为作品；局，可以是僵的，是危的，是死的，但不可以是悲的或喜的，除非你是在终局之后，把局当剧本；我们常说“初听不知曲中意，再看已是剧中人”。

这两个方面均说明局的初步定义存在着严重的遗漏。这个遗漏表现为“我”在“局”的定义中的缺失。方教授指出了“我”对于局的不可或缺性。第一，我置身局中。置身局中的意思就是，当我在局中时，我会把自己当成其中一员而不是一个观众或欣赏者，我必须亲身参与其中。第二，局中的多重角色会相互作用。方教授援引海德格尔在《存在与时间》中的观点：我作为此在，其存在就是“在世之在”，此在通过操心和操持与世界打交道，一个个的意蕴整体是此在为了自身而组建起来的周遭世界，我的世界为我而存在。当我向死而生之后，当我通过呼声和决心回到本真的我的时候，我决意重新面对世界并重演历史。

然而，这种对意志的重视和强调的思路在西方哲学中是很容易走向极端的，以至于有哲学家会认为，在人生的局中只有一种较量，那就是意志的较量，也就是说，在世界之中的我与他人带着自身的意蕴整体进行着意志的较量。当我组建我的世界时，我一定会遇到他人及其周遭世界对我的抵抗。他人当然是有意志的，难道周遭世界也可以表现为意志吗？

在这里，方教授很自然地引出一个问题：世界在何种意义上也具有意志？方教授认为叔本华的《作为意志和表象的世界》是对此问题的一种回答，但此回答存在严重问题。然后，方教授引入了"势"这个概念来取代意志主义的单向度思维。为了说明"势"这个概念的含义，方教授专门援引了法国汉学家余莲的作品《势：中国的效力观》，并指出意志并非局中的一切，对于意志，局之势可鼓之、可弱之。

由是观之，方教授将"局"的定义更新完善为："一个由我介入其中的、为了某种目的（完成一件事情）而人为设计或自然形成的相对封闭的包含人和诸元素所形成的势及其关系的系统。"

三、探寻"局"的结构

想要探寻局的结构，就不得不将物的结构与裹挟着"我"的局做一个简单但必要的区分。对于物的结构，海德格尔在晚期哲学中做了很多努力。海德格尔的一篇文章就叫《物》，一物之所以成为一物，乃是因为物之物化，世界之世界化，存在将自身“分解”（Austrag）为天地人神四方，其间的每一方都与其他三方彼此映射互动，共同构成了物自身的呈递。在任何一物那里，都可以发现周期与节律的天、承载与遮蔽的地、看护与见证的人和掌握命运荣光与危险的神的共同作用，它们共同成就了一物。

在这里，方教授强调了海德格尔的两个贡献。一是在西方哲学的历史中首次发现并着重强调了归闭的一面、隐的一面，对此，海德格尔也引用过《道德经》中的“知其白，守其黑”；二是海德格尔将人的地位降低，人对物的最好呵护和最佳关爱模式就是庇护它，做一个守夜人或者见证者，这对主体性高扬的近代西方哲学发展而言无疑具有独特贡献。

但方教授随即也从易学角度对海德格尔所提出的天地人神进行了两重批评。一重是，海德格尔错误地把“天之象”当成了“象之天”。按照《说卦传》，乾为天，乾还可以为首，为环等。天是乾健的一个最具标识性的代表，但天还不是阳本身、乾本身。因此，海德格尔错失了对阴阳这对范畴的发现。另一重是，海德格尔说的物是万物，但他对万物却没有作进一步的层次构造和区分，导致每一物的结构都是天地人神，这种齐万物的说法似乎过于宽泛。从邵雍提供的先天易学来看，物生而后有象、有数，每一个层级的构造都可以通过象数来进行推演，这无疑是对物的进一步规定。

方教授分析物的结构以进一步说明和阐释物与事—局的差异，并从横纵两个方向剖析了事的结构。从横向结构来说，与物的天地人神相对，局是由人、神、命、运这四个方面决定的。局中人不是含情脉脉的守护者和见证者，恰恰是奥林匹克赛场挥洒汗水的运动员，甚至是罗马斗兽场中的角斗士；天地人神的神早已经远遁，不知所终，但局中的神所指称的恰恰是位高权重、掌控全局的大人，譬如历史上的三公九卿之流；所谓命，指的是使命或者最高目的，偏向阳的一面；所谓运，指的是命的展开和过程、流程、机制等，偏向阴的一面。在局中的“人神命运”里，有两点需要强调：其一，任何一个局都包含了“人神命运”这四项基本结构，或者四项基本功能；其二，阴阳的划分是可持续的，比如我们可以设立最高使命和最高目的，这就是阳中之阳，但还可以设立阶段性的目标和纲领，这就是所谓阳中之阴。

从纵向结构来看，局可以从先天与后天两个方面来理解。其中后天分为形与气两个部分，后天的形就是局的建制，气就是局的变化。先天分为理与势两个部分。在这里，方教授作了特别说明，他援引了康德的两种先天概念：一种是纯粹先天，即先验感性论中的时空和先验知性论中的十二个范畴；另一种是来自后天的先天，亦即一种规范性的、产生自经验的、但对人的后来行为有约束的先天。前一种在局势中就是纯粹的先天，譬如组织的最高纲领以及行动的基本原则等，即所谓“理所当然”和“势在必行”等等；后一种先天多表现为伦常关系、债权契约等，在局势中通常表现为局中各方力量的对比或态势的变化。

当新成员进入一个组织时，局势中的张力、既有的关系网络对新成员来说就是一种来自后天的先天，是不可抗拒的。在此，方教授还援引了苏洵在《辨奸论》里的说法：“事有必至，理有固然。惟天下之静者，乃能见微而知著。月晕而风，础润而雨，人人知之。人事之推移，理势之相因，其疏阔而难知，变化而不可测者，孰与天地阴阳之事？而贤者有不知，其故何也？好恶乱其中，而利害夺其外也。”

四、两论“我”与局的关系

因为“我”总是有好恶、有利害地入局，所以“我”无法避免在局中受到碰撞和感到迷茫。对此，方教授指出了现有的分析“我与局的关系”的三条歧路：

（1）意志主义。叔本华和尼采分别通过消极意志和积极意志试图回避或对抗整个局面，然而他们都跳过了对局之“势”的了解。譬如士气在战场上就是势的表现，攻守之势不能仅仅从意志方面去领会。

（2）宿命论。完全的被动性或者随波逐流对于我来说是不可能的，局势虽是先天的，但也在变化，局中局，局外局，甚至说世界大气候对“我”身处其中的局的小气候也有着不可估量的影响。

（3）骑墙性思维。我们很难在实践中一方面遵守规定，另一方面发挥创造力和主观能动性，这种朴素的两面性思维实质上总是在意志主义和宿命论之间反复摇摆，缺乏自身的真实见解。因此我们也可以说，实际上只有两条歧路。

那我们经过现象学的训练，是不是可以开发出第三条道路？方教授认为其实并没有所谓第三条道路，现象学的道路就是对以上两条道路的纠偏。

（1）重新理解意志主义的“我要”。一方面，我们要防止意志主义带来的妄想和冲动——事实上意志不能解决局之势的强制性影响，另一方面，从“人神命运”的结构来看，神、命、运三者皆无法改造，“我”只能通过改造“我”的意志，将“我”自身的好恶利害进行调整，调整的方法在于把“我”消融到局中，具体而言，“我要”的不再是跟自己的好恶利害相关的东西，而是局的“命”（使命）。在后者的意义上，我们可以说，真正的局，必须是完成了从“有我”到“无我”的转变的局。

（2）在宿命与自由之间。对“我”而言，入局就是诞生，开局就是重启。这里面，“我”的处境极其复杂，会受到局内局外各种事务的影响。尽管如此，我们仍然可以通过象来测绘出自己在局中所处的位置，知道自己行至何处以及未来的局面，但“我”绝不是完全被动的，前赴后继，甚至献出生命的努力仍然有着极为重要的意义。

方教授继而以“入局—变局—出局”为线索，从实践层面再论“我与局的关系”。人在入局的时候应该如何选择呢？从游戏、棋局的角度而言，局无尊卑但“命”有高下。参加什么局并不是最为本质性的问题，因为每个人的工作和行业并不相同，但每个局的使命却有高下优劣之分。每个人在入局的时候都应该秉承“取法乎上”的理念。

人如何在一个既定的局内寻求变局呢？首先要确立“有我”和“无我”之间的关系，把“我要”从个人的好恶利害转向局的“命”和“运”；其次是在宿命和自由之间作出选择，有时甚至可以不囿于象数，“知其不可为而为之”。出局对人有什么影响呢？这里分为被动出局和主动出局两种情况。被动出局时，我们无能为力。对于主动出局而言，方教授指出，海德格尔在晚年曾讲过，存在就是一种贪得无厌。存在论就是一种局，它有等级差异。当一个人所面临的局面过于糟糕，或者局中的使命与自身的使命完全不符时，可以选择退出来，退出来的方法是现象学还原，即对局面和局势不置可否，这也就是现象学所讲的悬置。

五、交流互动

评议问答环节，朱刚教授首先对方向红教授的报告作了简短评议："方教授从各个方面和维度为我们剖析了关于'局'的思考，从现象学、存在论、易学等多方面的思想资源中撷取出最为宝贵的部分。"朱教授表示，本场报告给他留下最深刻印象以及最大收获是方教授对"局"的横向与纵向两方面的分析和考察，对"人神命运"四个维度的揭示，对先天与后天这两个纵向维度的剖析，另外，方教授从理论和实践两个方面分别阐述自己如何"破局"也极为精彩。我们毕竟都身在局中，会想方设法把局中最好的一面展现出来，我们因此而变局、破局和出局。朱教授也顺势提出了他的疑问，"局"似乎是中华文明中特有的概念，人、物、事在人类文明中是通行的，局比事还要再进一层，更为复杂。那么局和事有什么区别呢？此外，现象学的道路和它的操作特点是什么呢？

方教授感谢朱教授的提问并回应道：事和局的区别在于，事可以分为现成在手之事和上手之事，前者是对象性的，而后者是一个过程，是进行中的东西，它和局是一回事。关于现象学的道路和它的操作特点，方教授指出，现象学的创始人胡塞尔的老师布伦塔诺曾抱怨，康德过快地进入了哲学思辨，而根据胡塞尔的回忆，布伦塔诺则拒绝进入哲学思辨，而是在直观的源泉中畅饮。

紧接着，陈少明教授也对方教授的报告作了评议："局"本来只是一个词而不是一个哲学概念，但方教授给出了一个有内涵的“局”的概念，并通过局的空间概念引申出作为社会关系的局，局的含义在发生变化。就局和势而言，中国哲学讲到势比较少，但历史学中经常讲势，态势是一个重要的历史哲学概念。关于海德格尔讲的物，其实是宇宙秩序，它并不是人造的局，不会受经验的操控。

方教授也回应说：历史哲学讲的“势”和我们谈的“局”确实相通，天下大势当然也是天下大局，局可以延伸到国际关系甚至政治哲学中；海德格尔对物的理解其实就是对存在的理解，但他的局限也在于此，物类在邵雍的先天易学中可以完成自身的推演，也就是能够给出对每个具体存在之物的理解。

在现场听众向方教授提问、双方互动后，本场历时三个小时的报告也在现场听众热烈而欢快的掌声中圆满落幕。本“局”虽告一段落，但“局”势似乎已经跨出学科，当然，破“局”仍在进行之中，这也意味着新“局”永远可期！

（整理：张晋一、张铜小琳）

"标识性概念"系列讲座第十八讲

秩　序

主讲人：王　博
主持人：陈少明
时　间：2024年11月11日
地　点：中山大学锡昌堂103讲学厅

王博　北京大学哲学系教授，北京大学博雅特聘教授。北京大学党委常委、副校长，兼任教务长。主要研究领域为古代中国哲学，尤其偏重于道家、儒家、早期经学和出土文献等领域。著作包括《中国儒学史》《庄子哲学》《无奈与逍遥》《老子思想的史官特色》等，发表学术论文60余篇，见于《中国文化》《哲学研究》《中国哲学史》等期刊，包括《论〈劝学篇〉在〈荀子〉及儒家中的意义》《论"仁义内外"》等。

本讲座将由秩序问题之于中国哲学的根本意义，揭示出历史中国的文化特征。

中国古典时代的精神成就体现在五经，五经皆围绕秩序问题，但各有侧重。礼崩乐坏之后，重建秩序的思考开启了中国的哲学时代，也让秩序问题成为中国哲学的核心问题。

在儒家那里，出现了从天赐的秩序变而为生于人的秩序这一根本性转向，人也随之成为最核心的问题。儒家哲学以人和合乎人的秩序为中心，以人的生活世界尤其是伦理世界和政治世界为中心，从而建立起秩序形上学。但同时，这种秩序又从未离开过天的向度，中国哲学的基本形态是天人之学，而不是单纯的人学。以人为中心的秩序思考让天在人的视角下获得了不同于古典时代的新的理解。

天地人的秩序化

2024年11月11日下午4时，“标识性概念”系列讲座第十八讲“秩序”在中山大学广州校区南校园锡昌堂103讲学厅举行。讲座由北京大学副校长、哲学系教授王博主讲，中山大学人文学部主任、哲学系教授陈少明主持。

一、什么是“秩序”？

王博教授说，生活在一个世界之中，就是生活在一种秩序之中，这个世界是由秩序支撑起来的。就像使用电脑，当我们使用不同的操作系统时，感觉是不一样的。不同的秩序就像不同的操作系统。选择秩序虽比选择操作系统更难，但仍然存在选择的空间。

在中国文化和中国哲学中，“秩序”这个词出现得比较晚。喜欢概念考古的人认为是唐代以后。其实在更早之前，有一个词与“秩序”类似，叫“秩叙”（《周官·天官·宫伯》）。无论如何，“秩序”的观念由来已久。

王教授说，“秩序”是一个跨界的热点问题。近些年，国内很多学者讨论沃格林的《秩序与历史》，以及贡布里希的《秩序感》，其中讨论的“秩序”往往被预设了一些类似“先验感性”的内容，并非如洛克所言的“白板”一块，纯粹由后天经验建构。就像我们买了一台电脑，里面预装了一些东西，而不是一片空白。

在王教授看来，“秩序”是中国文化和中国哲学的核心问题。

需要思考的第一个问题是：什么是“秩序”？张岱年先生在《天人五论·事理论》中曾给出一个定义：“指众事物之众位置之相互关系而言，谓之秩序。”其中，第一个词是“众事物”，这是“秩序”本身要去面对或处理的对象，“秩序”一定会体现在“事物”之中。第二个词是“众位置”，每一个事物都有它自己的位置。第三个词是“相互关系”，在这里可以看到“关系”范畴重要性的凸显：“秩序”总与“关系”相关。而“关系”，有人际关系，有人物关系，还有更高层次的天人关系等。总而言之，按照张先生的理解，秩序至少包含三个要素，一是“事物”，二是“位置”，三是“关系”。

对于这一定义，王教授做了一些补充：在讨论“关系”时，我们会遇到类似的词汇，比如“系统”，而“系统”中有“结构”。一般来说，“秩序”的观念有时候会跟“结构”的观念相关。以中国文化为例，有阴阳、五行、八卦等结构，它们能够形成不同的模式或图式。

王教授主张在“事物”“位置”和“关系”之外加上“命

名”，从而构成对“秩序”的一种更丰富而完整的理解。他认为，“命名”对中国哲学来说尤其重要，因为一旦把“命名”作为“秩序”的一个关键的或者不可或缺的要素，就能够更好地去处理中国哲学中儒墨道法的名学传统以及名家的相关问题。很多时候，一个“事物”在“秩序”中的“位置”，以及和其他“事物”的“关系”，是靠“命名”来揭示的。

“命名”之外，还有“价值”或“价值观”。任何一种秩序或命名，任何一种对事物的安排，当人为因素渗入时，就会出现价值判断或价值排序，从而构成一种秩序精神。例如，父子之间是协商式的平等关系抑或是命令式的差等关系，其背后是价值观在发挥作用。

王博教授还补充说，中国传统哲学中将“秩序”解释得最清楚的莫过于宋儒张载。他说：“生有先后，所以为天序；小大高下，相并而相形焉，是谓天秩。天之生物也有序，物之既形也有秩。”张载在“序”与“秩”之前加上“天”字，以体现秩序是自然的一部分。其定义让我们想到《诗经》中的“天生烝民，有物有则”，并吸引我们去探索中国哲学中的“秩序”问题。

二、中国哲学与“秩序”问题

李约瑟说，中国文化的关键词就是“秩序”，尤其是“模式”。史华慈在讨论中国哲学的时候也说，中国的理性主义是以对“秩序”的思考为代表的，史华慈还概括了“秩序”问题与“存在”问题的区别。他认为“秩序”问题不能化约为“存在”问题，因为“存在”问题会导致本体和现象两个世界的区分，而“秩序”问题则不存在这一区分。王教授说，“秩序”问题没有这一区分，并不代表其中完全没有张力。“存在”与“秩序”的区别更在于，前者认为本体在现象“之后”，而后者关注点在“之间”，关心物与物、人与物、人与人、人与天“之间”的关系。

王教授主张，当我们去思考中国哲学问题的时候，应该关注中国哲学背后更大的文化土壤，包括政治的、经济的、社会的、宗教的土壤等。在孔子与老子开启的哲学时代之前，存在几部经典，后世称之为“六经”。“六经”实际上就是肥沃的文化土壤，从中我们能够看到大量秩序化的活动。比如，《尚书》的主题就是政治的秩序化，或者如何把政治秩序化。《尚书》的视野足够开阔，从天地人的秩序化开始。《尧典》中，尧“历象日月星辰，敬授民时”，把“天”秩序化了；《舜典》中，舜“敬敷五教，在宽”，把“人”秩序化了；禹“平水土”，把“地”秩序化了。将天地人的秩序确立起来，这对于中国文化来说非常重要。后来，哲学时代以不同的方式不断呈现这一主题。我们读《洪范》，最重要的是“天乃锡禹洪范九畴，彝伦攸叙”。什么叫“彝伦攸叙”？就是秩序化。当然，《尚书》的主题是“政治的秩序化”，但是政治的秩序化是安放在天地人的框架之中，这已经暗示出后来不断讨论的主题：“政治秩序”离不开“天地秩序”或者“宇宙秩序”，也离不开一种广义的“人伦秩序”。

再看《诗经》。顾随先生将《诗经》视为“天籁”，认为先民们“想怎么喊就怎么喊，想怎么唱就怎么唱”。但王教授不同意这一说法，他认为《诗经》作为一部经典，其主题是情感的秩序化：先民们的喜怒哀乐都被秩序化了，被纳入到某种“知其所止”的节奏中。例如《关雎》一诗，从“求之不得，寤寐思服，悠哉悠哉，辗转反侧”，到“琴瑟友之”“钟鼓乐之”，这是“想怎么爱就怎么爱”么？显然不是。诚如孔子所言“乐而不淫”，《毛诗序》所说“发乎情，止乎礼义”。诗三百篇，在民间社会的，在闺房之内的，在朝廷上的，在宗庙上的，在不同的场合情境中，《诗经》都在寻求一种情感的秩序化表达，这是《诗经》的主题。

除却“六经”文本，作为制度的“礼乐”体现秩序的具体形态，如《左传·昭公二十五年》说礼是“天之经也，地之义也，民之行也”，同样是在天地人框架中的秩序化。然而，随着周道凌迟，礼坏乐崩，哲学时代的思想家们开始反思“秩序”的本质问题。在《论语·八佾》篇中，林放提出“礼之本”的问题，孔子称赞这是“大哉问”，认为这是个了不起的问题。对于这一问题，孔子没有诉诸“天”，而是从人的行为和心理的角度作答。在与宰我“三年之丧”的论辩中，孔子也没说这是“天经地义”的事情，而只是问宰我是否“心安”。王教授因此认为，关于“秩序”问题的认识，在孔子这里有一个非常重要的转向：由天赐秩序转向人设秩序。可以说，孔子开启了思考秩序根据的内在心性维度，并影响了后来的思孟学派。

从此，关于中国哲学与“秩序”问题，有两个基本维度：一个是超越的天道的维度，一个是内在的心性的维度，这两个维度在后来有一个综合。前者源于《尚书》的政治的秩序化，到《系辞》的“天尊地卑，乾坤定矣，卑高以陈，贵贱位矣”，以及董仲舒天人感应的“气”论等；后者源于《诗经》的情感的秩序化，到孔子的“心安”，再到思孟学派的心性论等。王教授由此将哲学时代分为三阶段，第一阶段是春秋战国诸子时代，主要表现是多样化秩序精神的涌现；第二阶段是大一统时代1.0版本（秦汉唐），以“气论”为中心的秩序精神；第三阶段是大一统时代2.0版本（宋明），以“理气论”为中心的秩序精神。

而大一统时代之所以会从1.0版本更新为2.0版本，最重要的原因是“气论”秩序精神的局限。譬如魏晋时期，佛教大行于中国，“一阐提皆可成佛”的人性平等观念把“性三品”说逐出了思想市场。为解决“气”的秩序精神面临的思想危机，宋儒远承孟子“性善”之说，拈出“天理”二字，开启了“理”的时代。

三、儒道法的三种秩序精神

上述主要讲儒家，随后王博教授将视域拓宽至儒道法三家。他首先用三个大的关键词概括了儒道法的三种秩序精神：儒家是“伦理”，道家是“生命”，法家是“气力”。

在王教授看来，法家提倡的是一种强制性的、工具性的秩序。如同韩非所言，“上古竞于道德，中世逐于智谋，当今争于气力”，将秩序诉诸强力和暴力，简单而高效。法家重视法、术、势，表现为功利、算计、赏罚，以此推动发展。在这种秩序下，人和人的关系被黑暗化、妖魔化，所有的生命都被工具化。这一过程中，看不到属于人的喜怒哀乐，也看不到对美和善的追求，只能看到“耕”和“战”。在法家的世界，甚至可以说没有人，只有工具。生命被窄化，服务于君主专权和国家构建，最终为了国而牺牲了家，为了忠而牺牲了孝。相反，儒家是一种伦理性、教化性的秩序，通过仁义的价值和礼乐的制度，以成己成物为目标，完成家国天下的构建。相比于法家，儒家体现了一种长期主义的秩序精神。

王博教授说，法家是以力服人，儒家是以德服人，那么道家呢？道家的问题是：为什么要服人？换言之，为什么要去征服别人？不管是以强力，还是以伦理，抑或是以其他任何方式征服别人，在道家看来都是不可取的。“道法自然”“相濡以沫，不如相忘于江湖”，道家非常强调自主性的秩序。道家靠虚无、自然、无为、柔弱等渲染出一种秩序精神，这一秩序精神呈现的是全幅生命图景。道家对儒家的主要批评是，儒家以一些人为制定的标准去丈量世界，忽视了人的个体性和差异性，无法成就所有的人。

王博教授总结，如果说法家是没有面孔，儒家面孔就稍微单调一点，道家是每一个人都有不同的面孔——但这是理想化的。他提醒我们，千万不能把秩序精神和实际秩序等同起来，因为秩序的现实化其实是一个很大的问题。

四、秩序形上学以及秩序的边界

最后，王博教授提出一个开放的问题：中国哲学的形上学传统如何概括？从秩序的角度讲，可以称之为秩序形上学。秩序形上学是通过对秩序之本的追问，完成从事物到道、从有形通向无形的领域的跨越。儒家和道家都有自己的秩序形上学；而法家没有，因为缺乏“道”与“德”这样的属于秩序形上学的核心范畴。

什么样的秩序是更适合我们的秩序？这是一个非常根本的问题。即便在2024年，放眼世界，我们也可以看到生活在不同秩序之下的人，差别非常大。“一方水土养一方人”，合乎人的秩序与合秩序的人往往是相辅相成的。因此，若要深究这一问题，我们势必触及“什么是人”这一最根本的问题。到底什么是人？是工具人、伦理人？还是“自然”人、“自由”人？诸如此类。这是一个最根本的问题。

前面讲三种秩序精神，其中，法家的是最苛刻的，儒家有一个比较好的平衡感，这可能也是它在中国历史占主流地位的最主要原因。儒家主流影响力的确立实际上是因为它跟国家的结构更契合。因为在儒家这里，人有了面孔，情感的世界被关注了，道德的、审美的、艺术的世界也被关注了，这是在儒家思想中我们都可以看到的。而道家的秩序精神在这三者中是最开放的，也是最包容的。但是我们要反思：最开放、最包容的秩序精神，就一定是最好的么？

最近的美国大选，民主党输得非常干脆。我们要反思，民主党所主张的秩序精神，其边界何在？比如说包括移民，包括LGBT，此类保护少数群体权益的秩序，其边界在什么地方？这些都是值得不断思考的问题。

五、交流互动

陈少明教授点评说，王博教授给我们做了一个内容详实丰富又非常有洞见的报告。陈教授进一步说明“秩序”这个词何以能够成为一个标识性概念。他说，“词”与“概念”不是一回事。一个词一开始是为了标示出某种现象而使用的，在认识这个现象的过程中有了一些内容，词便逐渐概念化，但是严格的概念化需要一番人为的切磋琢磨。在讨论标识性概念时，我们主要是要通过一个词来了解更广泛的内容，并通过梳理，将这个词雕琢成一个概念。

陈教授还表示，王教授给张岱年先生的“秩序”定义加上“命名”，这是非常重要的。如果没有“命名”，我们就没法讨论，诸多秩序也就无法进入思想当中。最后，陈教授补充说：“我们每个人都是在秩序中被定位的，所以如何理解这个世界，也就是你对这个世界应该有一个什么样的态度的问题。”

夕阳的余晖在窗外安静地流淌着，思想在讲学厅内碰撞出火花。

有同学问，《尚书》的主题是“政治的秩序化”，然而“政治”一词本身就存在秩序，这样的说法是否同义反复？王教授答：亚里士多德在《政治学》中说，人是天生的政治动物。然而人们也需要经历从家庭到村落再到城邦的共同体演进，这是一个不断秩序化的过程。

有同学问，中国电视剧多涉及复杂婆媳关系、亲子关系或夫妻关系，而美剧更多呈现的是家族当中不同的几代人的自由平等的生活日常，如何看待这一现象？王教授感慨道：很多人都说中国人重视家庭，西方人不重视家庭，这是个很荒诞的说法。只能说中西方存在不同的家庭秩序，不能说西方人不重视家庭。并且西方很多电视剧中，父母为了救孩子，可以背叛国家。其实无论中西，父母对子女的爱都是自然的，也是被文化观念强化的。

有同学问，秩序是先于所有人客观实在的，还是被我们所建构出来的？如果秩序是客观实在的，我们是否可以通过主观的视角来发现一个共同客观的秩序存在？王教授答：有不同的秩序精神在，有不同的秩序形态在，我们就很难说秩序是完全客观的。比如，在儒家的叙事中，秩序是圣人制作的，而且不是凭空制作，而是“裁成天地之道，辅相天地之宜”的。又如，康德认为人有先验感性，天生就有某种秩序感。换言之，秩序没有绝对的主客观之分。

有同学问，“死亡”或“自杀”是不是道家在“生命”这一关键词之后的边界所在？如何看待“死亡”或“自杀”在秩序中的作用？王教授笑道：“我是真不愿意想死亡的问题，更不愿意想自杀的问题。”他补充，很多秩序会通过塑造对立面的方式强化自身。比如儒家塑造桀纣，还有蚩尤，通过这些反面人物的社会性死亡的程度，可以辨识一种秩序的包容度，或者辨识这种秩序的边界所在。

有同学问，作为一个大学生要怎么样去建立一个比较好的个人秩序？王教授笑着说：“人之患，在好为人师。”全场掌声雷动，或许同学们感受到了道家秩序精神开放而包容的力量……

（整理：黄子锋）

"标识性概念"系列讲座第十九讲

方　圆

主讲人：陈建洪
主持人：陈少明
时　间：2024年12月3日
地　点：中山大学锡昌堂103讲学厅

陈建洪　浙江瑞安人，北京大学文学学士、哲学硕士，比利时鲁汶大学哲学博士，主要研究领域为政治哲学、英国政治思想。2006—2015年任教于南开大学哲学院。现任中山大学哲学系（珠海）主任、博雅学院院长。

已出版的著作包括《远离苏格拉底》、《既无君子，何以天下》（韩译）、《论施特劳斯》、*Between Politics and Philosophy*、《耶路撒冷抑或雅典：施特劳斯四论》等。学术兼职包括国务院学位委员会第八届（哲学）学科评议组成员，中华全国外国哲学史学会常务理事，《政治思想史》《中山大学学报（社会科学版）》编委委员等。

"方"字，对于中国人来说，具有特别的意义。作为几何概念，方、圆相对并举。在地理概念中，我们常用方多少里来形容占地面积。在伦常概念中，我们常说为人大方，处事有方。在政治概念中，也用“方略”和“治理有方”来形容对家国大事的运筹帷幄。在医学中，我们还有医方、偏方、秘方的说法。在后面三种用法中，“方”显然都具有正面的含义。在先秦文献中，几何意义的方圆就已经具有了礼法上的意义。我们所生活的世界从来都是一个规矩和礼法的世界。在这个世界中生活的叫做“有方之士”，在这个世界之外的人则是“无方之民”。无论从哪个角度来看，区分“方”之内外的关键在于是否法礼，更在于如何看待法礼。方内乃是法度之地，方外则为无法之境。

费孝通形象表述差序格局的同心圆波纹结构也已经成为一个经典意象。同心圆意象其实并非费孝通的独创，它曾以不同形式见于西方古代哲学典籍和现代研究文献，并非具有中国特色的意象。对于理解中国政治和社会结构，无论就哪个方面来看，“方”都胜于“圆”。以“方”来类比社会，应该也是中国思想的一个独特方面。通常所说的天圆地方，意味着我们中国人所理解的方形大地是人类生活的区域；通常说的中央地方，又指向一种政治的圆方结构。中国的政治社会格局是方的，西方的政治社会格局是圆的。因此，“方”字是理解中国政治和社会的一把钥匙。

地“方”中国

2024年12月3日下午4时，“标识性概念”系列讲座第十九讲

“方圆：一个政治几何学的考察”在中山大学广州校区南校园锡昌堂103讲学厅举行。讲座由中山大学哲学系（珠海）主任、博雅学院院长陈建洪教授主讲，中山大学哲学系陈少明教授主持。

陈少明教授在开场白中表示，作为一个语词，“方圆”在我们的日常生活中被反复提及，但其内涵却很少被深究，唯有经过概念化的处理并被大众普遍接受，“方圆”才能获得其标识性的准确定义和学术价值，而如何在政治生活领域定义“方圆”概念，将在今天的讲座中被深入地考察和分析。

引言：政治几何学

政治几何学起源于17世纪的欧洲，霍布斯为政治学几何化的奠基人，他认为，几何学是人类唯一的科学，从几何原理出发能够为政治学确立起坚实无误的根基，从而建立稳定政治学的大厦。陈建洪教授立足于政治几何学框架，在讲座开始时就直抒本次讲座的核心观点：传统中国社会政治结构是方的，不是圆的。同时，围绕着这一观点，提出了三个主要问题：

（1）为什么说中国社会不是圆的？

（2）为什么说中国社会是方的？

（3）如何去理解一个方的中国？

陈建洪教授以此三个问题为导引，向我们展示出“方圆”概念在政治几何学中的基本含义与现代面貌。

一、圆：同心圆结构

何以解“圆”？何以在政治学的意义上解“圆”？这是我们

理解传统中国社会政治结构之所以不是圆的而是方的之前提。陈建洪教授指出，用“圆”来解释中国社会结构，最为人熟知的理论莫过于费孝通以同心圆波纹圈描述的差序格局概念。简言之，同心圆波纹圈意象强调中国社会格局“好像把一块石头丢在水面上所发生的一圈圈推出去的波纹，这些波纹愈推愈远，也愈推愈薄”。每个人都是他社会影响所推出的圈子的中心。围绕这一中心，亲属关系和社会关系按照一种差序格局层层展开，由近及远、由亲至疏。

费孝通最初用同心圆结构来特指中国社会基层，也就是农村社会的结构，但后来这个结构又被用来泛指中国社会整体（包括乡村和城市）的结构特征。一方面，同心圆结构中的最外层——天下，是从自己这个中心推出去的社会势力里的一圈而已。社会范围成了一张张私人联系所构成的网络。因此，中国传统社会里的道德只在私人联系中发生意义。另一方面，这种同心圆的差序格局是以自我为中心的同心圆外推结构。

陈建洪指出，以同心圆意象来分析社会结构其实并非费孝通的独创，它曾以不同形式见于西方古代哲学典籍和现代研究文献。举例来说，世纪初年斯多亚学派学者希耶罗克勒斯描述的同心圆结构就同样以“自己”为圆心从内向外辐射核心家庭、近亲属、远亲属、邻里同乡直至全体人类。再比如，萨林斯在《石器时代经济学》中提出了一种以“家族”为中心的同心圆结构，用以描述原始社会的亲缘与地缘关系——一种社会整合的多层等级体制。又比如，英国的法律史学家梅因甚至对比了两种同心圆结构，用以描述古代与现代社会结构的不同之处。他强调，古代的同心圆的圆心是先祖，现代同心圆的圆心则是个体：“如果说一个古代社会的单位是‘家族’，而一个现代社会的单位则是‘个人’。”马修·黑尔也在《英格兰普通法史》中强调，以个人为焦点辐射追索血缘关系只在一个流动的工业社会中有效，它不适用于静态的乡土社会。

综合相关学术研究史脉络，陈建洪教授总结道：费孝通使用英美人类学与社会学常用的同心圆意象来形容中国的乡土社会结构，但从英国人类学与法律史的研究结论来看，以自我为中心的此类同心圆结构特别适合描述个人主义社会，而完全无法适配于农业社会，尤其是中国传统农业社会。虽然以先祖为圆心的同心圆结构可能更为适合描述静态农业社会结构，但这种结构并不具备鲜明的中国特色，因而只能局部地解释中国社会结构的片段而非全体。由此出发，陈建洪教授进一步阐明：同心圆结构不是中国特色，环形的“方”才是。

二、方：中心对四方的方形环状结构

在中国传统中，“方”可能是一个比“圆”更为重要的核心概念和意象。美国学者段义孚就将中国传统的大地观念概括为一个方形格局：人们设想天子之地作为大地的中心，按等级向下呈正方形环状展开，由内向外依次是诸侯之地、众卿之地、大夫之地、士人之地，最外面就是未开化的蛮荒之地。同时，王土是正方形的这种观念也是中国的一贯传统，这最早在《尚书》中就有记载。就此而言，陈建洪教授直接概括道：中国社会格局更多强调东、西、南、北、中，即一种中心对四方的结构。因此，描述中国传统社会格局的恰当意象可能是中心对四方的方形结构而非同心圆结构。

随后，陈建洪教授分别从现实和思想两个层面来论证中国传统社会结构的方形格局理论。在现实层面，中国传统的城市设计一直都把方城当作主流，中国古代总是倾向于建筑正方形或者长方形的城池。张光直在《古代中国考古学》中指出，人们按四方的准确朝向布置城市，城市的四方朝向以南北轴为中心。李零在《我们的中国（第四编）：思想地图》中强调，“不但田是方的，房子是方的，城郭是方的，计算土地面积的单位是方的，而且用以绘制地图的网格也是方的。所以难怪古人要把地平面想象成一个大方块”。

就思想层面而言，许宏在《何以中国——公元前2000年的中原图景》中指出，方形是“中国历史上城市建筑规划上的一个根本思想和原则”，执着追求都邑设计的“方正规矩”是中国文明特色，体现了“规划者对秩序的追求”。张杰在《中国古代空间文化溯源》中更是强调了中国特有的“地方”文化：“中国古代聚落空间的轴线无论在文化内涵，还是在表现形式上，都与西方传统空间轴线有着本质的不同。”其他古代文明“并没有产生像中国古代这样深刻的‘地形为方’的文化”。另外，在古代典籍中，“方”字也经常被提及，《诗经》便有“定之方中，作于楚宫；揆之以日，作于楚室”的诗文。

三、方的中国

“方”字，是一种思想创造，它表达着中国人认识大地的思维倾向，也体现出中国人追求稳定、建立秩序的独特方法。陈建洪教授接着借助中国传统文本研究和字义考察来理解“方的中国”。

以中国古代经典文本为依据，“方”字呈现出多层的社会关系含义。《论语》之中，“方”字凡十五见。已经成为常用词的“万方”和“四方”常为研究者所忽略，二者本身就有“邦方”之意。《论语》之“方”最常用于“方国”“邦方”之中，这种“方”字又包含着“臣方”“形方”和“敌方”的意思，其间有着地缘关系和政治敌我关系。

在当今的日常用语中，我们也时常讲到“四方”或“万方”等语词，而四方之所以为四方，是因为有中央，正所谓“事在四方，要在中央”（《韩非子・扬権》）。其中又有着空间定位和政治从属关系。从字义学考察来看，陈建洪教授引用白川静的字义考察成果来进一步论述“方”字的宗教学意味。在白川静看来，“方”字展示出一种枭首咒禁仪式之象，其字形指“把人杀死而架在搭成H形的木头上”，也就是将人的尸体架在横木之上。那么谁是挂在横木上的人？答案是敌酋或本族重罪犯。横木位于哪里？与异族的分界线上。这构成了中华与边裔的边境。如此一来，“方”字就具有了双重意涵：一是敌我边境的界限问题；二是刑法的放逐边裔问题，具有法律惩罚意味。

从中国哲学传统上看，早在庄子那里就有“儒家游方之内”与“道家游方之外”的说法。冯友兰先生认为，“方，就是指社会”。冯友兰在《中国哲学简史》中指出，方内、方外之别，体现出儒道两家哲学的不同面相：“儒家思想强调个人的社会责任，道家则强调人内心自然自动的秉性。”陈建洪教授认为，以“方”来类比社会，这是中国文明的一个独特思想特征，也是理解中国政治和社会的一把钥匙。无论是倡导“游方之内”，还是欲求“游方之外”，其基础都在于“方”之边界的确立，在确立规矩的建制世界与突破法则的反建制精神之间的平衡往复，构成了人类政治之“方”。

四、交流互动

讲座结束，陈少明教授总结道：“方”和“圆”作为最基本的空间概念，其指代的不是现实的经验事实，而是完全几何的、理想化的思维图式。“方”与“圆”时常并举，思考二者的关键在于以何者为主导。在经验现实中，“方”毫无疑问具有更强的规范性、稳定感和方向指引作用；对比之下，“圆”所体现的则是一种无边界感和无穷扩展意味。我们可以借助于古代的“天圆地方”理念来理解中国古人对世界和大地的思考方式，并由此思考类似的方圆结构在中国传统社会格局中的具体表现和现实意义。

方圆，一个日常的语词在陈建洪教授的讲述中串联起几何与政治两个学科，现实与理念两层向度以及中国与西方两种文化，现场观众不仅受益于陈建洪教授广博深厚的学术涵养，对于“方圆”概念也产生了更深层次的思考……

提问一：我们可否将“方”理解为一个体现王权的概念，将“圆”理解为一个体现神权的概念？

回答：我所阐释的中国方形社会结构，其中心确实是天子，是一种王权的象征，但如果只将“方”如此定义却会简化这个问题，毕竟“方”有着不同的解释面相，其内涵也更为丰富，甚至不限于我今天所讲到的内容。同时，方与圆的区分不能仅限于王权与神权的划分，我之所以要用“方”替代“圆”来阐释中国社会格局。是在于“方”更能体现中国特色，更能够全面地展示中国传统社会的地域格局和文化思路。

提问二：老子讲“大方无隅”，那么“方”与“圆”之间的辩证关系、哲学关系究竟怎么去理解？

回答：我在讲座中引用老子“大方无隅”一词，是想表达道家“游方之外”对儒家“游方之内”的突破，从而指明在确立规矩的建制世界与突破法则的反建制精神之间的平衡往复。从政治几何学的眼光来看“方”与“圆”，我认为“方”更多地被用于政治领域，体现秩序与礼法的约束；而“圆”则更多地体现一种无边界和无止境的状态。“方”是可丈量的，而“圆”是不可丈量的。

提问三：“圆”的理解方式更贴切当下个人主义的思想潮流，随着中国的现代化发展，这种圆的格局是否会替代中国原有的“方”的秩序，中国传统中的这种“方”的秩序能否抵抗住现代“圆”的扩张？

回答：在现代建筑格局中，“方”的秩序其实已经逐渐衰落了，但即使在今天的城市规划建设中，“方”的因素也依然存在，同样地，“圆”的因素也存在，而且哪怕“方”不在现实中，也会在思想文化中潜移默化地影响着世人。至于中国传统中的这种“方”的秩序能否抵抗住现代“圆”的扩张，我认为这与当前的国际关系有关，与中华民族崛起的历史进程有关，我希望对于“方”的研究能够为现代的国际秩序构建提供一个重要借鉴和提示。在这一点上，我也还在路上。

（整理：薛盈盈）

“标识性概念”系列讲座第二十讲

生　育

主讲人：陈立胜
主持人：陈少明
时　间：2024年12月23日
地　点：中山大学锡昌堂103讲学厅

陈立胜　澳门大学哲学与宗教学特聘教授。曾任中山大学哲学系教授，中山大学禅宗与中国文化研究院院长。研究方向为儒家哲学，著有《阳明学与中国现代性问题》（2024）、《从“修身”到“工夫”：儒家“内圣学”的开显与转折》（2021、2025）、《入圣之机：王阳明致良知工夫论研究》（2019）、《宋明理学中的“身体”与“诠释”之维》（2011、2012、2019）、《王阳明“万物一体”论：从“身—体”的立场看》（2005、2008、2018）、《自我与世界：以问题为中心的现象学运动研究》（1999、2017）等。

生育是儒家生命宇宙观的一个关键词，生育是“天经地义”的生命实事，参赞化育则是人的天职。儒家之“理想国”是天地位、万物育的“生育之乡”，而迥异于孜孜追求

“不生不灭”之乡、彼岸世界的印度文明与一神论的犹太—基督教—伊斯兰教文明。

于人子，身体则是父母之“遗体”，是先祖之“馈赠”，“生育行动”既是一种报恩的行动——一种报答生存之本的终极感恩的行动，也是一种负责的行动——一种负责将“亲生命共同体”永续下去的行动。如何报答“昊天罔极”之“天恩”是中国道德之一“大原”。儒家“生育行动”所启示出的时间性实是一种世代生成、延续的“时间性—世代性”，这是由无疆无尽的“生德”孳乳、贯通的似水年华，是绵延不息的生命之流。这是“一个世界”的永生模式，传统中国人对死亡的终极超越方式。这是一种“看得见的”“摸得到的”的永生模式。

随着现代性兴起，“现在快乐主义”与“个人主义”取代传统的“虑后主义”，生育从“天下最贵之天职”转而成为个体自由选择的一个选项。在生育是“责任”的时代，人们有着强烈的多生多育的“非法”冲动；在生育成为“权利”的时代，人们对生育却兴致索然了。婴儿萧条几乎成为现代性的通行现象。唯有生育自身成为幸福人生的内在组成部分，更多的人才会自觉地行使生育的权利，才会无忧无虑地“虑后”。

让生育自身成为幸福人生的一部分

2024年12月23日下午3时，“标识性概念”系列讲座第二十讲“生育”在中山大学广州校区南校园锡昌堂103讲学厅举行，本期讲座由中山大学哲学系教授陈立胜主讲，中山大学人文学部主任、哲学系教授陈少明主持。

陈少明教授在开场白中表示，“生育”为日常普遍用词，“生”与“育”各有指向。“生”有着时、空向度的两种含义：一是时间向度的“续生”，是生命连续不断的传承；二是空间向度的“共生”，不止于个人，而是有众人，更有以人为核心的整个生命群体。但“生”并不意味着“育”，以人类经验而言，生命之“育”可能才是更艰巨的任务，补充了“生”，与“生”从更丰富与深刻的意义上共同构成“生育”。而“生育”这一内涵丰厚而深切的重要命题，也将在本次讲座中进一步讨论与阐发。

一、“责任的落寞”时代之生育

讲座伊始，陈立胜教授指出，在当今时代，谈论“生育”成为一件冒险的事情，现代社会中关于“生育”的诸多观点往往引人深思。陈立胜教授由林语堂对“生育”的断言谈起，认为林语堂所持的不生育乃是人生中的“最大罪恶”的观点是一个“世纪错置”的范畴错误。

首先，西方大哲自毕达哥拉斯始就有不婚不育的传统。柏拉图、奥古斯丁、帕斯卡尔、笛卡尔、康德、维特根斯坦等等，都是未婚未育者。他们或为了神国度而进入“圣召性单身”（vocational singleness），或视性与生育为最强烈的生命意志的自我肯定，以之为人间痛苦的根源，或有严重的厌女症。但不论如何，对他们而言，显然“人生最重要的关系”不见得就是“父母和子女的关系”，更不会认同“生育”是“简单的智慧”这一断言。

其次，二十一世纪是“责任的落寞”的世纪，结婚与否、生育与否皆成为个人的“权利”而非天赋的“责任”。在某些国家或地区，性别也不是“天赋”的，而是取决于个人后天自由选择之结果。两相情愿的爱情成了家庭成立的“唯一原则”，不仅传宗接代的生物学原则早已失效，超越“类”（“性别”）的家庭（同性恋家庭）在某些国家或地区也获得了正当性。二十一世纪“爱的革命”很是彻底，以至于我们要怀疑“生育”是不是必须跟家庭联系在一起。另外，随着科技的发展，“人造子宫”工程也使林语堂的每个男人、每个女人都是女人生的这一断言变得可疑起来。

在陈立胜教授看来，林语堂的错误是一个“世纪错置”的范畴错误。在一个日趋“责任的落寞”的世纪谈论“生育”的责任，如同在铁轨上面驾驶牛车，这驾牛车纵使再完美无瑕，驾驶技术纵使再娴熟，也显得滑稽可笑。

二、从神圣责任到永生模式的儒家生命哲学

讲座第二部分，陈立胜教授深入解读了儒家对生育的肯定态度，指出儒家认为生育是“天经地义”的事情，是天地之“道”的功能。“天地”与“夫妇”两伦之间有着强烈的同构性，故有“乾父坤母”之说。儒家的宇宙观和伦理观都带有浓厚的“生育”色彩，强调生生不息的重要性。

陈立胜教授对儒家经典中有关“生育”的文献作了解析，认为在儒家眼中，天地之“道”的功能在于生育，生生不息是大造生机的永恒主题，即便在万物肃杀、生命凋零的冬季，理学家看到的也是生机的收敛与凝聚，而儒家“生生不息”的世界正是

挺立于天地之间的人伦世界。以“生生”为核心，可谓“天地大夫妇，夫妇小天地”。《周易》开篇即将男女夫妇关系纳于天地之中，描述宇宙万物生成的语言更是带有强烈的“男女媾精”的底色，如“乾父坤母”“乾之静专动直，坤之静闭动辟”，《咸卦》中“咸其拇”“咸其腓”“咸其股”“咸其脢”“咸其辅颊舌”等一系列渐趋深入的两性交感的身体语言，让儒家的宇宙观、伦理观染上了厚重的生育色彩。

观之以比较的视野，在史怀哲看来，儒家思想传统始终对这个现世的生命持一种“大敬畏”与“大肯定”的态度，其理想国就是天地位、万物育的“生育之乡”，而迥然有别于孜孜追求“不生不灭”之乡、彼岸世界的印度文明与一神论的犹太—基督教—伊斯兰教文明。只有在文艺复兴后，西方文明对现实的伦理生命实践才开始由否定转向肯定。

儒家带有浓厚生育色彩的宇宙论对于现实生命的肯定最重要的体现，即对于身体的伦理态度。较于印度与基督教文明认为身体只是灵魂简陋的承载，是心灵的“牢狱”，儒家认为身体是被神圣地赐予的，所谓“身体发肤受之父母”，身体是父母的礼物，也如杜维明先生所言，是“天地所赐予的神器”。在西方文化的“两个世界”观中，身体是“心外之物”，而在儒家“一个世界”生命观中，轩冕、金玉皆为“身外之物”（铢视轩冕，尘视金玉），但己身以及与己身联系在一起的父母之身、儿女之身绝不是什么“身外之物”。孔子就提出了“敬身为大”的主张，己身是“亲之枝”，与妻之身（“亲之主”）、子之身（“亲之后”）一起构成了“亲”之生命共同体。因此，“敬身”的实质就是敬“亲”，“亲”在此不过是在代际传承之中永续的生命本身。这是由父母传递给我，又通过我与妻、子协力合作而用心传递下去的作为“礼物”的生命。

但陈立胜教授指出，与普通的礼物不同，生命礼物具有四个特点：

一、生命礼物本身就是礼物的接受者，赠予与接受同时发生；二、这种无条件的接受性决定了接受者在根本上不能对等地回报赠予者，回报与赠予行为是“异质的”“不对等的”；三、父母自身也是其各自父母所赠予的礼物，我作为父或母，对于子女亦是如此；四、在世代生成、延续的“身”即是这样一种礼物之身，它始终在承上启下的世代之间传递着。从“身体发肤受之父母，不敢毁伤”到“启予足，启予手”，生动展示了身体传递过程中如履薄冰般“全归全受”的态度。

这个不能报、不能还的天恩、天债却又强有力地激发着众人去报答、去偿还。在存在的根基上，吾身既是亏欠之身、举债之身、受恩之身，又是一直行走于报答与偿还的人生之路途之中的偿债之身、报恩之身。

不过，父母自身对生育、养育其的父母（吾之祖父母、外祖父母）亦是一偿债之身、报恩之身。而父母对我之养育未尝不可视为对生育、养育其的父母的一种报答。我虽不能“生父母之身”以对等地报答父母之生育之恩，但我可以像父母“生育”我一样生育儿女。这是一种面向将来的报答，这个将来是“亲”生命共同体生生、大生、广生的“时间性”。养子不仅可知父母恩，养子也是报答父母恩。于是，在儒家生命哲学中，“生育行动”既是一种报恩的行动——一种报答生存之本的终极感恩的行动，也是一种负责的行动——一种负责将“亲生命共同体”永续下去的行动。所以高看“生育行动”是儒家生命哲学的一个重要特点。

随后，陈立胜教授引用康德和列维纳斯的观点，分析了生育行动中的责任问题。康德认为父母有责任使子女满意其现状，而列维纳斯则将生育视为一种“自我超越”的存在论行动，强调了生育在构建父子关系中的重要性。康德以“依赖性的契约”为子女争得了被养育之“权利”，也让弃养子女乃至买卖子女的行为、溺婴行为失去了正当性，但父母作为养育者不再是被亏欠者，故自立的子女于其父母而言完全是“两清”的关系。当然父母自身对养育他们的父母而言亦是如此，就此而言，此种“两清”的关系也是“一报还一报”，体现出一种代际的平等关系。

陈立胜教授认为列维纳斯观念中的与孩子（他者）的关系所建立起与“绝对将来”“无限时间”的关联就是生育的本质。世传孔子之子孔鲤对孔子讲“汝子不如吾子”，又转头对其子孔伋讲“汝父不如吾父”，这种世代生存过程中所交织的“时间”无疑充满了自我与他者的牵连与断裂。如此，我通过生育行动而在自己的孩子身上“作为一个他者”而继续存在。陈立胜教授指出，在儒家的生命哲学中，父母作为“类之本”与“天地”“圣贤”一起构成吾身存在之“三本”，儒者的身体不只是代际与人际纵横交错之根、联、带之身体（根于父母、联着兄弟、带着妻子之身体），亦是贯彻历史与传统的传道、体道的使命之身体。这“三本”交织的时间毫无疑问是奠基于“亲共同体”世代绵延的时间向度。

同时，列维纳斯还将生育事件称为“最大的馈赠”，陈立胜教授认为此类说法跟儒家“生育”形而上学遥相呼应。不过，列维纳斯非常注重“儿子”的时间的“全新性”与全然的他者性、未来性，在“未来取向”这一点上，他与他所批判的海德格尔的时间性有不谋而合之处。与此不同，儒家生育观固然会认可“我是我的儿子”这一说法，但也会补充说“我的孙子也是我的祖先”。

在儒家最为隆重的祭祖仪式中，“尸必以孙”，“孙子”直接成为祖先的“道成肉身”。陈立胜教授通过对牟宗三扫墓时所感知的“亲共同体”体验进行分析，指出儒家生育行动所启示出的时间性实是一种世代生成、延续的“时间性—世代性”、一种由过去世（先人）—现在世（此身）—将来世（子孙）绵延的时间性，这是由无疆无尽的“生德”孳乳、贯通的似水年华，是绵延不息的生命之流。与佛教参“父母未生前本来面目”不同，儒家自我的“本来面目”就是先于我而有的父母之间的爱，是世代赓续的亲情。这一“生命之流”在本质上也就是宇宙生命洪流，这是“一个世界”的永生模式，是“看得见”“摸得着”的永生模式，这是传统中国人对死亡的终极超越方式。

三、从“虑后”到无忧无虑

在传统与现代的冲突中，陈立胜教授指出，传统社会强调道德和责任，而现代社会则更注重个人权利和自由。这种转变导致了生育观念的冲突，即生育从一种共同体的“责任”转变为个人的“权利”。传统社会是道德社会，任何一种生活无论是个人生活抑或公共生活都会牵涉到“责任”问题。而当今社会则被学者称为“后道德社会”“后责任时代”。“主体权利”支配了“绝对命令”，“责任”不再是“对己”的，“己”之领域是他人无权干涉的“私人领域”。“责任”范畴仅限于“对人”：对他人的尊重成了第一责任，这个对他人的尊重的实质也是对他人“权利”的尊重。“幸福教育”取代了“道德教育”。而权利、享受、自由、潇洒、活力成了幸福教育的核心内容。从沉重的家族主义、国家主义的“虑后”到个人主义的无忧无虑的转变，是从传统到现代的中西文明通行之现象。

随后，陈立胜教授谈到如今春节亲人团聚时催婚催育成为敏感话题的现象，指出这一现象背后折射出“结婚”与“生育”之为“责任”与“权利”之间“错代共在”的紧张关系：对于父母，子女结婚、生育是天经地义的事情；对于子女，结婚、生育与否是自己的“权利”。其实，父母、子女双方都感受到了对方“权利”与“责任”的天赋地位，为了避免这两“天”之间的冲突而伤一家之和气，将婚育一类的所谓“终身大事”搁置不谈，可能是最文明的一种选择。另外，在中国人尚受到文化惯性影响而以多子多孙为福的年代中，即以生育为“责任”的年代，人们有着强烈的多生多育的“非法”冲动；在生育成为“权利”的时代，人们对生育却兴致索然了。生育问题成了当今中国面临的一个严峻问题。在陈立胜教授看来，婚育、生育与否是个人的选择，是天赋人权的一部分。“有趣的灵魂何惧独自美丽”，“我不结婚，不欠谁一个解释”，每一个人都有权利选择结婚或不婚、生育或不生育，每一种选择都应该得到理解与尊重。

而对于选择婚育的人，陈立胜教授指出有两大需要重点关注的问题。首先，如何让深受“幸福教育”的新青年对孩子的责任不要过于“沉重”是首先值得关注的问题。实际上，林语堂提到的几个妨碍生育的“错误”中，“生活程度太高”“社会制度的整个机构”等仍然是今天适龄生育者所担忧的因素。生育包含着婴儿出生、养护与成长直至成人之过程。以子女教育为例，为何大多数家长都在担心自己的子女输在起跑线上？为什么中国儿童自幼儿园开始就被抛入一种不可理喻的“内卷式”的竞争状态？为何“成功”而不是“成人”成为“教育”的首要宗旨？一个输在起跑线上的人、一个不胜内卷之扰的人、一个无能成功的人为何在社会中就不能过一种体面的生活？只有每个身心健康的孩子在未来都能找到属于自己的位置，且能过一种有尊严的生活，每个身心欠缺的孩子在社会中都能得到应有的体谅、关心与安顿，生育的过程才是容易的，生育的担子才是轻省的，婚育者才能放心生育。

其次，如何让婚育生活成为个人追求高品质生活、追求独立、追求事业的一个内在部分而不是外在“点缀”乃至“累赘”，既是一“个人的问题”，同时也是一“社会的问题”。婚育是生命的一个内在节奏，它跟生命的其他节奏之间应该形成不同的层次，进而合奏出和谐、丰富与精彩的人生乐章。即便被奉为“自由至上主义者”的诺奇克也认为，“为人父母”在人生过程中的重要意义，生育孩子赋予了一个人的生活以实质性内容。

陈立胜教授指出，已经有心理学家根据生物进化论、人类学与心理学研究的最新进展修订了马斯洛的需求层次理论，将其需求金字塔的顶层中的“自我实现”（self-actualization）更新为“养育”（parenting），这种“更新”更多地是基于生物进化论的考量，且有化约主义（reductionism）的嫌疑，但“养育”具有“宗教安慰”的意义，在儒家传统中这倒是一个不争的事实。如何在自我实现需要与养育需要之间找到一个平衡点？这不仅需要婚育者自身具有相应的“生活的艺术”，更需要社会提供可行的制度保障。如在就业、业绩考核、职称与职务晋升、生育休假、生育补贴、工作弹性、医疗保险等方面能够充分与合理地考量生育的因素，让生育者敢于生育、安心生育、乐于生育。要之，唯有生育自身成为幸福人生的一部分，更多的人才会自觉地行使生育的权利，才会无忧无虑地“虑后”。

陈立胜教授最后指出，哲学一度作为“精神的助产术”引发每一位思考者内在智慧的生成与涌现，哲学也可以作为“生命的助产术”引发每一位思考者对生育、养育更自觉、更理性的思考。

四、交流互动

讲座结束后，陈少明教授首先表达了自己对于讲座的理解。“生育”本是烦琐的问题，在对其持有负面态度的人看来，更是个庸俗的问题，但陈立胜教授的讨论却将之深化为一个神圣的问题。他对于“生育”的讨论与他在宋明理学、中国哲学方面的研究一脉相承，带有现象学色彩，深刻且生动。

而后陈少明教授进一步对陈立胜教授讲座中所谈的一些问题进行了引申与补充。一是儒家视角下关于亲子之间“报”的道德问题，讲座中陈立胜教授同时也谈及了礼物的问题。在陈少明教授看来，礼物涉及对等的交换与交易，最理想的状态是同时交换、各自满足，本身带有一定的功利性。但生活中也有很多交换并非如此，存在着时间上的相隔与单向的满足。如果按照这一礼物流动的理想标准去看亲子之间的互动，依然容易是不对等的，甚至是不划算的。而如果抛开功利计量，“生育”问题就会变成一个伦理问题，或许可以在最低程度上依托于一种维系机制，但追溯不到根本的理由，只能继续上升到信仰与宗教性问题。而如果我们不持有一种宗教性的信念，依旧考虑合算与否，这便会是一个没有意义的问题。

二是生命最主要的价值究竟是什么？或者说在儒家看来，什么是最主要的价值？陈少明教授指出，前几年有人强调推动儒家现代形态要突出以“自由”为儒家之核心。但在他看来，就生育问题来看并不合适。生育并非被创造者自由意志的选择，而是父母的选择。“仁爱”才应是儒家的第一价值。

在提问交流环节，中山大学哲学系朱刚教授先对列维纳斯关于“母子关系”的讨论做了补充，列维纳斯后期也讨论“母子关系”，特别重视母亲怀孕时母体与胎儿一体的状态，他用这样一个意象来描述自我与他人在做一番分离之前的那种更原初的一种关系。在朱刚教授看来，由于社会制度设计等问题，以一种功利主义的计算模型去理解婚育，让现代人将生育看作不可承受的重负，从而对婚育望而却步。如何让人回归到生命美好之源头，如在母子关系中所孕育的那种信任、爱，是需要去深入思考的话题，这也是需要个人与社会共同思考并解决的问题。

中山大学哲学系副研究员张程业老师向陈立胜教授提问：随着社会的发展，生活可感知的实在意义逐渐消失，比如传统节日清明扫墓氛围的消失，是否构成现实人生的一个缺憾？当大部分人不会留下自己的后代成为一种不可避免的缺憾时，我们还能不能有一个意义的安顿？

对此，陈立胜教授回应道，神圣向度一定有它本己的展开场所、氛围，虽然科技可以让我们进入虚拟世界，但它确实代替不了现场的实在感受，不过，科技也会营造它自己的另类现场感。生命的传递在儒家来看不仅是生理意义上的传递，也是共同体精神的延续与弘扬。至于儒家所说的“三不朽”更是已经超越了单纯的香火传递活动，实际上我们的一言一行都会影响到我们的子女、学生等，通过他们，我们的生命也在时间上与空间上不断地延伸。

台湾“中研院”文哲所研究员林月惠老师谈到，陈立胜教授将生育问题放到一个现代性的脉络中来看，是一个能产生真知灼见的方法，她也赞同朱刚教授将生育看成一种体验人类最原初美好的一个经验的看法。社会“少子化”是现代化之后所产生的问题，而我们当下是在一个前现代与后现代过渡的一个处境里头，对于性别多样性、家庭等概念也需要去重新做一个诠释。林老师提问：如果从解构再到建构的视角去论述生育，会呈现什么样的一个面貌？

对此，陈立胜教授回应，精神意义上的家是美好的，现实中的家总是存在着各种各样的问题。传统的家不是单纯的夫妇与子女之间的亲情共同体，它还牵涉到政治、经济、社会、信仰等各种因素，乃至有家国同构的说法。家除了“温情”的一面，也掺杂了太多的权力宰制的成分。因为现代性，缠绕在“家”之上的各种过于沉重的因素被剥离了，本来这应该成为“家”之解放或本真的家之回归的一个契机，但在现实中，家庭结构却变得空前脆弱与不稳定了。如何在现代性社会中重建一个温情的家是我们必须面对的问题。

现场同学也就讲座内容提出了问题，陈立胜教授也一一做了回应。有同学问：伦理是否可以作为儒家之成为儒家的本质特征？陈教授认为可以，儒家最基本的一个关系考量就是伦理关系。也有同学问：生育作为人类的责任和作为个人责任的区别？陈教授答，每个人精神气质不一样，有的人天生对神圣性的、精神性的事物感兴趣，他可能为了科学研究、为了艺术创造、为了宗教信仰一辈子不婚育，他/她们一样有各自精彩乃至崇高的人生，他/她们不仅获得了自我实现，而且也成为我们文化意识的宇宙的巨人。

还有同学问：如何看待动物的繁衍与人类的繁衍之间的差异？陈教授回应，人的生育行为与动物的生育行为有很大的不同，在讲座开头也说得很清楚，“生”是一方面，“育”则更为重要，在整个自然界的育儿活动中，人类是所有动物中“幼态持续”（Neoteny）最长的，所以人的育儿也是最艰辛、最漫长的。

又一同学问：谈儒家生育观念的时候，是否可以从“爱”的角度去谈？陈教授回应，离开爱，就没有生育现象！因为父母的爱才有了胎儿；因为父母的爱，才有胎育，才有子女教育。当然也因为有子女，父母才学会了爱。可以说，在生育过程中，父母与子女一起建立了一个爱的共同体。生育是爱的福音、“多声部的合唱”，这也是新儒家唐君毅的著作《爱情之福音》的主题。

（整理：杨林舒、蔺淑鹤）

"标识性概念"系列讲座第二十一讲

集　体

主讲人：卢晖临
主持人：陈少明
时　间：2025年3月5日
地　点：中山大学锡昌堂103讲学厅

卢晖临　现任北京大学社会学系教授、博士生导师。主要从事农村社会学与乡村变迁、劳动社会学、社会学方法论等领域研究。

开设社会调查与研究方法、定性研究方法、农村社会学、社会学概论等多门核心课程，获评北京大学"十佳教师"。承担多项国家社会科学基金课题，在《中国社会科学》、《社会学研究》、《开放时代》、*Rural Studies*、*Modern China*等国内外权威期刊发表多篇有影响力的学术论文，出版《通向集体之路：一项关于文化观念和个案形成的个案研究》（社会科学文献出版社，2015）等多部专著。

集体制度具有复杂性与多维性：它既是国家权力的产物，也是农民能动性的结果；既是经济组织方式，也是文化观念的载体。对“集体”的研究为理解中国乡村社会变迁、探索城乡融合路径提供了重要的理论框架与实证依据。

“集体”经纬，藤蔓未央

2025年3月5日下午3时，“标识性概念”系列讲座第二十一讲“集体”在中山大学广州校区南校园锡昌堂103讲学厅举行，讲座由北京大学社会学系卢晖临教授主讲，中山大学人文学部主任、哲学系陈少明教授主持。

陈少明教授在开场白中表示，“标识性概念”涵盖了很多领域，有些词可能偏重于某一领域，有些词的涵盖面则比较广。本讲座主题“集体”一词就属于后者，它既可以是讨论人、描述人与人关系的词语，也可以是关于社会制度、关于伦理学乃至心理学的词语。“集体”是研究我们现代中国社会的形成和发展的一个非常重要的概念。卢晖临教授长期从事中国社会尤其是农村问题的研究，并基于田野调查出版了众多著作，他今天的报告将从社会学角度出发，进一步加深我们对于“集体”这一概念的理解。

卢晖临教授以一段话作为整个讲座的开篇：“在中国，有一种组织，叫‘集体’，在中国的行政和专业层级中，找不到它的位置。它在事实存在六十多年后才获得组织登记证和统一的社会信用代码，成为所谓的‘特殊法人’。在农村改革之后的今天，在市场经济的大环境中，它似乎举步维艰，但又拥有惊人的能量，蕴藏着无限作为的可能性。”

这一段话开宗明义，直接指出本次讲座的“集体”概念实质上指向了“农村集体”这一具体制度。卢晖临教授列举地方政府和大型企业与村庄打交道的案例，展现了农村集体在某些情况下所具有的强大能力；还举了中国华西村和中国长江村的例子，展示了农村集体在经济发展中的重要作用。

既然农村集体如此重要，那么应该如何认识农村集体及其对中国社会的影响呢？在接下来的讲座中，卢晖临教授从“集体时代的集体”“后集体时代的集体”和“集体对当今和未来中国社会的影响”三个角度，深入浅出地回答了上述问题。

一、“集体时代的集体”

“其兴也勃焉，其亡也忽焉”这十个字，是卢晖临教授对于“集体时代的集体”的无限感慨。在历史的长卷中，中国农村集体制度的兴衰轨迹，犹如一幅浸透时代墨色的水墨画卷。这场肇始于1953年农业合作化运动的制度建构，在初级社与高级社的嬗变中渐次铺展。农村集体制度作为农业合作化运动的产物，在20世纪50年代中期至20世纪80年代，在中国快速兴起并影响了全国的农民。

然而，这一制度在短时间内迅速消亡，从1978年小岗村实行家庭联产承包责任制之后，全国大多数地区的农村集体制度在短短三四年内被彻底改变，人民公社的架构也随着1983年关于政社分开、撤社建乡的规定而消亡。那个曾经统摄农村几亿农民生活至少二十年的人民公社时代，最终在制度转型的惊涛中化作历史的云烟。

（一）“集体时代的集体”因何而兴?

那么“集体时代的集体”因何而兴?卢晖临教授认为，不同的视角下人民公社的兴起，或许有着不同的原因。我们过去强调较多的可能是推动工业化这一原因，但是另外一个原因，即建设社会主义新农村的目标，可能往往是会被忽略的。人民公社的形成和建立涉及多重角度，主要目标包括推动工业化和建设社会主义新农村两个方面。今天我们更多地看到的是它的工具性目标，而它本身对于农村生活条件和面貌的改善，因为没有达到最初预期的效果，所以经常被人们忽视。虽然国家意志在中国的合作化运动中扮演了核心角色，但是农民自下而上的意愿和改变命运的渴望同样不容忽视，这在一定程度上促进了公社制度的快速推广。卢晖临教授引用了自己的著作《通向集体之路》中的观点，进一步强调“农村集体”离开国家强制是不可能的，但是如果没有农民自下而上的力量的呼应，人民公社很难在这么短的时间内快速铺开且几乎没有遇到非常大的阻碍。

（二）“集体时代的集体”因何而亡?

紧接着，卢晖临教授描述了人民公社在短期内迅速消失的现象，尽管有个别地区如周家庄仍保留着类似毛泽东时代的生产体制，但全国大部分地区的人民公社在短短两三年内几乎完全消失。很多人注意到人民公社时期存在吃大锅饭、出工不出力等效率低下的现象，并从生产效率角度解释集体制度的消亡，经济学的标准算法是劳动力的投入和产出，产出基本上是粮食，他们搜集数据建立模型，得出农业停滞或者效率下降的结论。卢晖临教授认为经济学视域下衡量效率问题的方法有些简单，并不能真实地反映人民公社时期的农业生产效率。

为了进一步引导在座师生打开视野看效率，卢晖临教授举例张乐天《告别理想》和曹锦清《当代浙北乡村的社会文化变迁》两本书，其中都讲到过效率问题，比如生产队中的窝工现象。卢晖临教授指出在当时的体制下，在大多数生产队中，窝工现象和工分贬值现象几乎是不可避免的，其背后的原因就是大量的农村劳动力必须投入有限的土地上面。在某种意义上，我们可以说生产队当时的窝工是人民公社为支持国家工业化战略付出的代价，而不是人民公社制度设计本身就必然带来低效率。

另一个打开视野看效率的例子，就是集体时期大量劳动力投入到农田水利改造和水利工程修建中。尽管短期内无法产生直接经济效益，但长远来看，这些基础设施对改善农业基础条件、提高农业生产能力发挥了重要作用。

卢晖临教授指出，人民公社在短期内迅速消失的另一个原因，就是国家和农民的意愿使然。在20世纪70年代末，随着政策和意识形态的压力放松，许多农民因集体制度未能显著改善其生活条件而选择分田到户，尤其是那些经营不善的村庄。然而，也有部分生产队通过艰难积累提高了生产水平和生活水平，他们可能并不倾向于彻底改革。但随着国家政策的导向，即鼓励实行家庭联产承包责任制和大包干，大多数的生产队最终都采取了类似小岗村的分田到户的做法。这一过程中，国家意志在结束集体制度中扮演了重要角色，而那些保留集体体制的村庄在当时其实是不合潮流的，某种程度上有一点遮遮掩掩，甚至是不愿意让别人知道。

（三）对集体制度兴亡的三点评论

卢晖临教授在这一部分的最后，写下了以下三点对集体制度兴亡的评论：

（1）集体制度诞生和成长于非常严苛的环境，还需面对经过两三千年小农生产方式培养出来的数亿小生产者，必然要在和这种生产方式之下的人性积习共生并作斗争的过程中逐渐确立和完善自身。

（2）集体制度推动了中国的发展，但农民和农村也付出了代价。集体制度在其存续的约三十年时间里，本身也存在着一些需要改进的问题。

（3）农村集体制度消亡的时点，恰好是这个制度经过痛苦地形成、发展和逐步稳定，正要破茧而出的时刻。到了20世纪70年代，无论是内部还是外部，集体制度都到了一个逐渐向好的时期。

集体制度诞生并成长于极其严苛的经济与国际环境中，缺乏必要的工业和技术支持。这一制度面临着传统小农生产方式及小生产者意识的挑战，特别是要改造人的思想和行为以适应集体生产的要求。卢晖临教授举了在温州永嘉推动联产承包的例子，在这个例子中，作为推动者的李云河试图在集体生产和小农传统之间找到平衡，但在这一过程中遇到许多困难和阻力。这些挑战，体现了在特定历史条件下形成的集体制度及其在实践中遇到的难题。20世纪80年代，李云河在《中国农村户学》中说，人世间有两样东西是最难克服的、影响力最大的：一个是地球的磁场，另一个就是家庭的这种影响力。

在20世纪70年代，这个集体制度已经到了一个逐渐向好的时期，可是最后只能草草收尾，很多人付出了代价但是最后并没有收获很好的成果。“历史有时候就是这样，它总是充满了遗憾。”卢晖临教授以这样令人唏嘘的一句话，结束了对于集体制度兴亡的评论。

卢晖临教授举了公社时期的一首歌谣来说明公社制度的一种理想设计：“公社就是常青藤，社员就是藤上的瓜，藤儿连着瓜，瓜儿连着藤，藤儿越壮瓜儿越大。”

因为各种各样的问题，不同的地方离这样的理想设计有着或近或远的距离，要想达到这个理想，就这个理想的设计需要一些条件，也需要时间，但是在70年代末却草草收尾。卢晖临教授感慨道：“好像历史走了个弯路的感觉，然后我们回归了正途。”

二、“后集体时代的集体”

讲完“集体时代的集体”之后，卢晖临教授顺着时间的脉络，把眼光放到了“后集体时代的集体”上。在改革开放的春风中，家庭联产承包责任制迅速推广，但与此同时也产生了一些不和谐的声音。“辛辛苦苦几十年，一朝回到解放前”，因为在合作化之前是小农生产，变成大包干后，又是各干各的。这就是卢晖临教授感慨的“好像历史走了个弯路的感觉”。随之，卢晖临教授回忆起了自己在汪家村进行田野调查时写下的一段话：“在新建的村委会旁边，是当年的大队部，斑驳的墙壁上，‘农业学大寨’几个褪色的仿宋体红字依稀可以辨认。建筑是一个时代凝滞的记忆，若以此为衡量标准，这里差不多是整个村庄见证人民公社时代的唯一‘记忆’了。破败的建筑，不具有任何返修的经济价值，要不了几年，这里将成为一片瓦砾。但是，那个曾经影响地球上最多农民，给他们带去欢乐和痛苦、期望和失望的人民公社制度，也将如同瓦砾一样埋藏到农民的记忆之中吗？”并抛出了这样的一个问题：看似在70年代、80年代初“消亡”了的集体，还留下了什么对我们今天产生影响?

卢晖临教授是这样回答的：“只要我们深入到农村社会，深入到农民的日常生活中，我们就可以毫不费力地发现，无论是村庄权力结构、经济活动、家庭生活，还是道德和价值观念，今天的农村与集体时代的农村之间，存在着千丝万缕的联系。”虽然集体制度在生产方式上消亡，但其遗产如土地集体所有制、集体经济组织和成员权仍然存在。这些遗产不仅包括土地所有权的特殊形式，还涉及成员的赋权和权利，体现了集体制度在当代社会中的持续作用。

虽然集体看似已经在20世纪70年代末、80年代初“消亡”了，但实际上，在如今市场经济的环境下，仍有少数村庄延续毛泽东时代的集体生产与分配体制。卢晖临教授随之向在座师生介绍了“后集体时代的集体”存续的三种方式。

第一种是类似周家庄的形式，在集体制度下，村民的生活水平相较于周边地区要更好。卢晖临教授这样描述周家庄：“这里没有劳动力外流，没有留守老人、留守妇女、留守儿童，没有赌博，没有住房竞赛。与那些背井离乡在‘世界工厂’里打工的农民工相比，与那些分田单干后守着几亩薄田勉强度日的农民相比，周家庄的集体经济为其成员提供了一个另类的，同时也更加有保障的工作和生活。”这样的村庄发展形势给我们这样一个启发：“找回中国农村发展之路，只能从改造小农经济入手，在小农经济的基础上探索多种形式的合作经济，最终恢复农村发展的主体性。”

第二种方式体现在利用村庄的区位优势和优秀带头人的引

导等条件，发展集体经济，尽管村民可能更多地参与市场经济活动。以江阴的山泉村为例，其集体经济收入突破一亿元，通过充分盘活建设用地，引入企业，山泉村的集体经济得到了壮大，又用于村庄建设和提供村民福利，组织丰富的文化活动。这种模式下，集体不再作为生产体制存在，而是通过带头人利用村庄资源，为村民提供福利和美好的生活环境，这使集体以新的形式存续。

第三种方式是大量的普通村庄，它们虽然拥有集体的遗产，但多处于休眠状态，收入微薄。

三、集体与当代中国城乡社会的形构

卢晖临教授提出了一个引人深思的问题，中国改革开放四十多年以来，城镇化率达到67%，大量人口从农村转向城市，“离土”是所有乡村共同经历的变化，在西方现代化路径中，这导致了农民与村庄的终结，城市社会取代乡土社会，那么，中国的现代化是否会步欧美后尘，走上一条乡村衰落甚至终结，城市崛起甚至主宰的发展道路？

卢晖临教授认为，中国可能走向一种不同于西方的现代化道路，即“中国式现代化”的道路。在具体论述这一道路时，卢教授进一步讨论了工业化和城市化进程中乡村可能面临的衰落问题，强调了集体，尤其是土地的集体所有制在维持乡村稳定和乡村与城市联系中的关键作用。通过案例分析，如宁夏固原和江苏江阴、昆山的乡村情况，卢晖临教授认为，尽管存在空心村现象，但乡村并未彻底衰落，乡村与城市间的联系也未中断，并进一步探讨了土地集体所有制如何在城市化扩张中保护乡村免于消亡，并提到了政府在乡村振兴和基础设施建设中的作用。

最后，卢晖临教授指出，乡村不仅是农民的物质家园，也是精神家园，即使在发达地区，乡村也扮演着城乡两栖生活的重要角色。同时，正是因为集体的存在，村庄才得以在中国县域城镇化过程中被整体地纳入城市空间中，当代中国城乡关系才可能展现出一种互构共生的特点。因此，卢晖临教授指出，中国破除城乡二元结构要追求的前景，不应是欧美的一元化的城市社会，而应该是“城乡互构”的城乡社会。这种城乡关系下，城市和乡村相互补充、相互支持，并因着彼此的沟通交流使得自身更加完善。

四、集体与共同体

在讲座的最后，卢晖临教授讨论了“集体”与“共同体”之间的区别和联系，卢教授认为“集体”和“共同体”这两个概念在某种程度上讲，意义最相近，容易混同，所以有必要对二者进行辨析。卢教授指出，经过集体制度淬炼的共同体，与历史上存在过的其他很多共同体有着重要的区别。比如宗族，它超越了单个家庭，将有着血缘关系的众多家庭凝聚、团结起来，并在一定范围内为宗族成员提供经济上的保障。然而，像宗族这样的传统共同体，都没有触动小家庭作为独立生产主体这一核心，它至多是在分配领域发挥一点损有余而补不足的作用，依赖的只是建立在血缘和地缘纽带之上的通财之义和体恤之情，无法阻止经济领域里不断加大的分化。而集体经济共同体首先是经济上的共同体，它杜绝了经济领域两极分化的可能性，然后才是生活共同体、道德共同体。

卢晖临教授引入滕尼斯《共同体与社会》中的观点，进一步辨析集体与共同体的关系问题。滕尼斯在他的书中探讨了两种理想类型：共同体与社会，分别对应“本质意志”（Wesenwille）和“抉择意志”（Kürwille）。本质意志源于内在、自然的情感和传统，强调整体性和共同性；而抉择意志则源于个体的理性选择和利益计算。卢晖临教授指出，中国传统社会在某种程度上体现了未开化的本质意志，而在集体主义时期，制度设计和实践激发了更多的抉择意志，形成了一种独特的社会形态。但是在当今市场经济和农民进城务工的背景下，人们仍然保持着与村庄共同体的紧密联系，参与其建设和发展。这种理性抉择与共同体情感的复杂交织，是十分值得所有人深入思考的。

五、交流互动

讲座结束后，陈少明教授率先表达了自己的看法，他认为概念实际上有两种类型，一种概念是我们把它设定好，然后用它来衡量事物。另一种概念是有一个对象存在以后，我们再来描述它，把它的内容展示给大家。卢晖临教授本次讲座的标识性概念“集体”就是后一种类型。

陈少明教授表示，卢晖临教授的讲座引起了自己的回忆和思考，他对卢晖临教授对于“集体”的优缺点的评论表示了赞同，并顺着卢教授的思路进行了一些补充。陈少明教授一方面讨论了人民公社在组织农民和推进大型公共工程，如水利建设和道路修建中的积极作用；另一方面，也提到了技术限制的问题、权力（power）和权利（right）不平衡的问题以及人性的问题对集体制度造成的负面影响，说明了“集体”对中国现代化进程的复杂影响。陈少明教授随后谈到集体所有制与通常所说的公有制的不同，指出后者与国家权力紧密相连，如大型国企。而集体所有制下，政府对农民土地的使用和征用需征得同意并给予补偿，反映了其与公有制在土地权利归属上的区别。此外，陈少明教授还提及了农村与城市在经济发展上的差异，以及近年来农村面貌的显著改善。陈少明教授认为，中国社会发展的前景不应仅限于城市化，农村的发展同样重要。

中山大学马克思主义与中国现代化研究所徐俊忠教授表示，自己在听完卢晖临教授的讲座后深受启发，并进一步说明了集体化在特定条件下的成功及其面临的挑战。徐俊忠教授认为20世纪中国走向人民公社有两个重要的原因，一个是水利设施的统筹规划，一个是产业的发展。他认为中国农村很难单独依靠土地的生产解决农村的问题，所以才有“工农商学兵”，也就是现在习近平总书记所讲的“一二三产业融合发展”，但是在当时，政策限制使“工农商学兵”无法正常发展。徐俊忠教授进一步探讨了土地确权、流转对农业生产成本的影响，以及土地确权过程中存在的争议和保护措施。最后，徐俊忠教授强调要关注农村、进一步界定“集体”概念的内涵，他认为界定清楚之后，我们会在理论上更加自觉地考虑它。

随着教授们精彩发言的结束，在座的同学们也积极地提出了自己对于讲座内容的感受和疑惑。发言的同学根据自身的专业情况，提出了“农文旅融合”“新村民和老村民”“强势村”等十分具体的现实问题，卢晖临教授对此一一做出了回答。卢晖临教授认为，“新村民”虽然不是传统村集体的成员，但可以通过合作社等形式参与乡村的经济发展，这也是以文旅推动乡村发展的一个重要渠道。他指出，在政治参与方面，一些地方已经允许常住居民参与村庄建设和管理的决策，包括选举和被选举。然而，在集体经济组织的成员资格和利益分配上，放开限制可能会引发内部矛盾，因此需要谨慎处理。卢晖临教授对于“强势村”问题的回答围绕城市化进程中乡村集体土地制度和利益分配的问题展开，讨论了“强势村”在土地增值收益分配中的优势地位以及由此产生的不平等现象。卢晖临教授指出，在制度设计上应寻求更公平合理的解决方案，以平衡不同地区间的利益。

中国乡村的集体制度，如《诗经》所载“绵绵瓜瓞”般生生不息，在历史长河中织就了一幅跌宕起伏的文明图景。卢晖临教授以史为鉴，剖解“集体”这一深植华夏大地的文明根系——从合作化运动的乌托邦晨曦，到人民公社的“其兴也勃焉，其亡也忽焉”，再至市场经济浪潮下“未央”的藤蔓新芽，集体制度始终在断裂与延续间书写着中国式现代化的独特叙事。公社时代的“常青藤”虽遭制度寒冬，但其根系深埋土地，于改革开放的土壤中萌发新枝。今日城乡互构的共生格局，恰是这藤蔓攀援的当代显影。

（整理：杨铭）

“标识性概念”系列讲座第二十二讲

领导权

主讲人：肖　滨
主持人：陈少明
时　间：2025年3月26日
地　点：中山大学锡昌堂103讲学厅

肖滨　中山大学政治与公共事务管理学院教授、博士生导师，现任中山大学社会科学学部主任。国家重大人才工程项目、国家高层次人才特殊支持计划入选者，教育部政治学类专业教学指导委员会副主任委员、国务院学位委员会第八届公共管理学科评议组成员。2009年获得“宝钢优秀教师奖”，2014年国务院政府特殊津贴获得者。

主要研究领域为当代政治理论、中国政治与政府、地方政治发展与地方治理，近期代表性著作为《理解中国治理的广东样本——广东经验的理论分析》《理解中国现代国家建构：从理论分析到经验解释》（香港三联出版社）。主编《政治学导论》、合作主编《当代中国政府与中国政治》。

以“概念三角”理论为指引，从梳理领导权概念由西到东的历史演变出发，在比较葛兰西和毛泽东领导权观念的基础上，基于经验事实分析领导权在当代中国权力体系中的角色定位、运行机制和底层逻辑，并透过微观个案展示领导权在基层治理中的统领、整合功能。尝试在人类权力知识的图谱中发现领导权概念的类型学意义和普遍性品质是讲座的学术旨趣所在。

“领导权”概念的三重意义

2025年3月26日下午3时，“标识性概念”系列讲座第二十二讲“领导权”，在中山大学广州校区南校园锡昌堂103讲学厅举行。本期讲座由中山大学社会科学学部主任、政治与公共事务管理学院肖滨教授主讲，中山大学人文学部主任、哲学系陈少明教授主持。

陈少明教授笑言，肖滨教授早年亦曾栖身哲学的园圃，但后来却被更有“领导权”的政治学天地所吸引。是以本次讲座，面对“领导权”这一概念，肖滨教授定能以其多年深思穿透你我之智识，展现其独特而深刻的见解。

一、Hegemony（领导权）的语义转向与中译定名

在具体分析概念之前，必先校准分析之“尺规”。讲座伊始，肖滨教授并未直接切入对“领导权”的解释，而是先讨论了“如何分析概念”，他认为奥格登的语义三角论（能指、所指、思想）虽然关注到了概念的思想，但却忽视了“所指”除了是具

体事物之外，也可以是事实和观点。而皮尔斯的符号三角（代表项、对象、解释项）虽然关注到了符号使用者，亦即“主体”对于符号的解读和认知（解释项），却终是狭义理解了对象的范畴。肖滨教授指出，若是将这二者综合起来，生发出一种“概念三角”（意义、语词、对象），我们便会发现，概念作为语词，总会表述、指称某个对象，而对象既可以是事实，也可以是观念，若按照皮尔斯的观点将“解释者”引入进来，又会产生解释者赋予概念的“意义”。

带着这种对于“概念”的理解，肖滨教授开始了他对于“领导权”的解读。在词源上，“领导权”译自英文hegemony，最早的词源为希腊文egemon，指“支配他国的领袖（leader）或统治者（ruler）”，涉及国家间的政治关系，其意涵是“一个国家宰制另一个国家”。可见这一概念最初仅适用于国际政治领域，用于描述城邦国家中的霸主国家与其他国家之间的关系。但在历史的演变中，“领导权”的语义逐渐拓展到国内政治领域，开始指向国内政治力量之间的关系。hegemony在苏俄革命中成为热词，也由此渗透到中国革命的土壤之中。早在1923年，瞿秋白便在《新青年》中译介领导权思想，将hegemony译作“领导权”，中共五大会后更是正式完成了这一语词的中译定名，“领导权”也从概念上被界定为中国共产党对中国革命的领导权。

二、从列宁、葛兰西到毛泽东的领导权观

介绍完领导权作为“语词”的“前世今生”后，肖滨教授又介绍了领导权所表述的“观念”。首先在列宁看来，领导权斗争的中枢是无产阶级的先锋队政党，他认为领导权要掌握在无产阶

级手中，强调以工农联盟为核心的无产阶级领导权，从而也就将领导权从国际政治转向国内政治，用以界定国家内部而非国家之间的政治关系。

而相较于列宁，葛兰西则将领导权的概念从“政治领导权”拓展到了“文化领导权”。在他看来，文化不仅表达了人类的信念和信仰，更可以通过控制人的思想，行使“领导权”，因此无产阶级在夺取国家政权的过程中，必须通过有机知识分子，即“承担了知识分子职责的人”，发动“阵地战”，并最终夺取文化领导权。然而作为一位思想家，葛兰西的观念存在面向现实的幼稚，因为在夺取文化领导权这种“软权力”之前，我们不得不先行考虑更为强势的政治、军事等权力。肖滨教授指出，在这一点上，毛泽东对于领导权的理解，则显得睿智、成熟许多。

具体而言，毛泽东的领导权观，可以从三个层面进行考量：

其一，宏观战略性：强调“领导我们事业的核心力量是中国共产党”，工、农、商、学、兵、政、党这七个方面，党是领导一切的。

其二，中观策略性：主张“大权独揽，小权分散”，主要权力集中于中央和地方党委集体，用以反对分散主义，明确党委责任。

而最具智慧的则是其三，微观操作性：直言要牢牢把握枪杆子（军事）、笔杆子（文化）、刀把子（公检法）、官帽子（干部任免）等。

毋庸置疑，相比葛兰西局限于意识形态领域的领导权观念，毛泽东的领导权观念全面而细致，从宏观、中观、微观三个层面确立了中国共产党在中国革命、国家建设中的核心领导作用。

三、以领导权为核心的政治权力架构

“很多概念只能表述观念，而领导权不仅表述观念，还描述‘事实’，甚至可以说事实由它建构起来。”肖滨教授如是说。在学界对于当代中国权力结构的描述中，一种观点认为，中国党政体制的权力构成是一种“七权分工”体制，国家权力构成不是“分立”而是“分工”关系；另一种观点则主张以“功能性分权”描述中国权力结构，与政治性分权结构（典型代表为美国“三权分立”制）相区别，功能性分权指的是决策权、执行权和监督权既相互制约又相互协调的权力结构和运行机制。

然而细窥之下，分工论过分强调了分工与分权的对立，从而忽视了权力结构关系背后的底层逻辑；而功能性分权论亦有其不足，即看不到领导权之所在，罔顾了其作为权力核心支配地位的现实。

因此，肖滨教授将当代中国的权力架构描绘为一幅“扇形图”，认为在“党领导一切”的政治体制下，领导权是一种能够统领其他权力运行的更高位阶的权力或势能，立法权、行政权、司法权等均由领导权统领。简言之，领导权不仅掌控政权，而且统领治权。

四、领导权在中国的底层逻辑——点线面体的四个环节

领导权不会仅仅停留在观念世界，同时也远远不会停留于政治世界，它终将延伸出去，渗透到整个社会体系之中，主导整个社会的权力运行。而这样一个过程，肖滨教授将其概括为点、线、面、体四个环节。

点即“中心点”，它是指在所有领域的组织结构中，党的领导权始终居于中心位置。党的领导权的第一环即是强化各个中心点，具体而言则是“在所有的组织中，建立党的组织”。如此一来，党组织便构成了一个纵横交错的网络体系，党的领导权分布在这个巨大的网络组织体系中，成为无数中心点。

线指“联结线”，它源于党组织的领导权如何延伸、扩展到其他组织的一系列技术性工具，而这些工具其实是党组织和其他组织之间的联结机制。这些机制主要包括“党委（党组）领导”和“归口管理”等。前者把党的组织嵌入、渗透国家组织，以实现党的领导；后者则将国家组织的相关职能收归于一个党委部门（如政法委）并由其统领。故此，编织纵横联结线是党的领导权的第二环。

面是“关键面”，它指向一些关键性的权力领域，而控制权力体系中的关键面也成为党的领导权的第三环。例如，涉及军事权（“枪杆子”）的军队事务就是关键面。与此类似，党对其他的权力关键面（如“笔杆子”“刀把子”）的领导，也有相应的制度安排和组织设置。

体为“结构体”，从确立中心点开始，经过编织联结线、控制关键面，中国党政体制运行逻辑的最终指向是，构造一个以党的领导权为轴心的权力结构体。在纵向维度，这个结构体由两个基本的正式等级结构组成：一个是党的等级结构，另一个是党的等级结构之外的所有等级体系。这两大结构由类似于多级分层的众多金字塔组合起来，党的领导权居于顶峰。横向维度上，在党的结构内部，特定层次上的单位构成一组同心圆，党的书记处于中心，党委形成里面的圆圈，党的领导权从圆心出发，扩展、覆盖到围绕同心圆的所有圈层，甚至向政治权力结构之外的其他领域扩展。

以基层治理这一微观实践为例，纵向维度上，是作为权力轴心的党组织（街道党工委）以领导权从纵向上将各个层级的治理者整合起来，实现领导权对分散的治理权的纵向统领。而从横向维度看，则是作为权力轴心的党组织（街道党工委）通过建立委员会制、人事建议、副职联系等机制，强化对基层站所的领导，亦即强化了党的领导权对治理权的支配。再通过驻点领导、纪检监察等方式，强化了对基层自治组织的领导，实现治理资源的全面统合。

五、领导权概念的三重意义

依循“概念三角”的设计，在完成了对语词、对象的阐释后，肖滨教授的思绪落在了“意义”之上。在他看来，领导权大体具有三个层面的意义：

其一，认知、解释意义。肖滨教授表示，在人类权力类型图谱中，领导权是一种非常重要的权力类型，如果说中国共产党是理解当代中国政治的钥匙，“党政体制”是理解当代中国政治的关键词，那么领导权就是解释中国政治、经济、社会、文化的重要概念。

其二，实践意义。此谓领导权终将越出观念世界，进而建构政治架构、支配权力运行、统合微观政治资源。

其三，理论意义。在肖滨教授看来，以领导权这一概念为基石，我们可以构造出一个基于中国经验的领导权统领论，而这样一套理论，就可以与美国所实行的分权制衡理论进行比较与对话。

临近尾声，肖滨教授对整场讲座作了简练总结。他表示，作为标识性概念，领导权并不是只适用于中国的土特产，偏安于一方“特殊”的土壤，而是一种具有普遍性、时代性和现实性的可以交流、对话的知识产品，它不仅表达了观念，还持续描述乃至建构着事实，任“知”“行”“理”等多重意义环绕其生长……

（整理：何擎宇）

“标识性概念”系列讲座第二十三讲

公　私

主讲人：陈乔见
主持人：陈　畅
时　间：2025年4月10日
地　点：中山大学锡昌堂103讲学厅

陈乔见　云南陆良人，哲学博士，中山大学哲学系教授，教育部长江学者奖励计划青年学者，中山大学东西哲学与文明互鉴研究中心副主任，中国哲学史学会理事、中华孔子学会理事、中华朱子学会理事，曾任上海市儒学研究会副会长。

研究领域为中国哲学、伦理学与政治哲学、中西比较哲学。著作有《公私辨：历史衍化与现代诠释》（2013）、《闲先贤之道》（2013）和《义的谱系：中国古代的正义与公共传统》（2022），曾获上海市哲学社会科学优秀成果奖（著作类）一等奖、中国社会科学院“胡绳青年学术奖”提名奖、广东省哲学社会科学优秀成果奖（论文类）二等奖。

中国哲学史上有源远流长的“公私”之辩，近代国人更是热衷讨论“公”“私”问题，日常生活中我们也总会使用

“公”“私”话语。然而，一般的中国哲学史或思想史著作很少把“公私”主题化，未能给予其应有的关注和论述。

本讲座以历史语义学、观念史和哲学辨析为主要进路，勾勒中国传统“公私”概念的多重意涵及其思想衍化，进而澄清学界关于“公私”论断的诸多迷雾。

拨开公私观念的迷雾

2025年4月10日下午3时，“标识性概念”系列讲座第二十三讲“公私”在中山大学广州校区南校园锡昌堂103讲学厅举行，本期讲座由中山大学哲学系教授陈乔见主讲，中山大学哲学系教授陈畅主持。

在讲座开始之前，主持人陈畅教授对主讲人做了介绍，特别提及“公私”问题是陈乔见教授的博士学位论文研究的主题，他的研究卓尔不凡，其博士学位论文曾获得湖北省优秀博士学位论文奖和全国优秀博士学位论文提名奖，在生活·读书·新知三联书店出版名为《公私辨：历史衍化与现代诠释》的专著，后又凭此书斩获上海市哲学社会科学优秀成果奖一等奖。

一、矛盾论断引发的学术关怀

讲座伊始，陈乔见教授指出：中国哲学史上有源远流长的“公私”之辨，早在《诗经》《尚书》中，就有“公”“私”对举的情形；近代国人由于受到时局的影响，尤其热衷讨论公私问题；而在日常生活中，我们也总会使用“公”“私”话语讨论或评价问题。当代中国人使用的“公”“私”话语的意涵早在先秦时代就已经基本奠定。

陈乔见教授谈到，他之所以会关注“公私”问题，其中一个主要的原因是近现代学者关于中国传统公私观念论断的重重矛盾。比如，梁启超断定儒家所教私德居十之八九而公德殆阙如，其后，梁漱溟和李泽厚等接续此问题的讨论，都认为中国缺乏公共观念或社会性公德；费孝通提出的“差序格局”影响更大，他认为差序格局的特征是自我中心主义（但不是个人主义），其中所有德目都是维系私人关系的道德；在差序格局中，公私也具有相对性，人们往往为了私可以牺牲公。当代一些西化派学者认为儒家“亲亲互隐”伦理是“以家庭私德凌驾社会公德、践踏社会公义”。这一派论点可概括为“有私无公”。

与之相反，有不少学者认为中国传统公私观念是“有公无私”，就在梁启超发表《论公德》后不久，当时有个刊物《浙江潮》刊登了一篇佚名文章《公私篇》（1903），作者指出，近代中国遭受蹂躏践踏而甘之安之的原因在于“惟公之故，惟无私之故”和“公天下主义”所造成的国人私权意识或主人翁意识的缺乏。南开大学的历史学家刘泽华先生以“王权说”名世，他认为先秦诸子都提倡“立公灭私”（比如崇尚公共理性、国家至上、尊王等），非常符合专制王权的需要。刘泽华也指出：公私价值观与现实社会也存在种种矛盾的现象，比如，“大公无私”“立公灭私”是非常流行的思想观念，深入人心数千载，直至今日仍畅行不衰。然而，有个极怪的现象值得思考，即一方面是冠冕堂皇地呼吁“大公无私”，另一方面是极其缺乏公德；一方面是在事实上私欲肆意泛滥，另一方面却极其缺乏对个人隐私的尊重。

以上学界关于公私的种种矛盾论断，引发了陈乔见教授研究中国传统公私观念的兴趣，他想一探究竟。

陈乔见教授指出，从20世纪90年代到2005年十余年的时间中，国内外涌现出不少关于公私观念的研究。最先探讨中国的公私观念、关注晚明公私观念转变以及中日公私观念异同的是日本学者沟口雄三，其后张立文、王中江、金耀基等先生以及刘泽华团队等从不同视角都有所论述，台湾方面，陈弱水十分关注中国传统的公义观念，黄俊杰、黄克武等学者都主编过公私方面的论文集。无论是古代公私观念，还是在当代学者的讨论中，“公私”涉及的问题颇为广泛，如君国、政府、朝廷与私人、臣民、民众的关系，还有公共领域与私人领域、公利与私利、公德（公义）与私德的关系，以及群己关系等。这也是造成以上公私论断矛盾重重的一个原因。陈乔见教授说，在从事中国哲学中的“公私”之辨与公私观念研究的过程中，他发现“义”是最具有公共性的；因此，很自然地，他又转向了“义”观念的研究，后来又完成了《义的谱系：中国古代的正义与公共传统》一书。

二、“公”“私”的多重含义

陈乔见教授说，要了解中国传统公私观念，我们首先有必要了解它们的用法和含义。最方便的做法，当然是从查词典开始。《尔雅·释诂》：“公，君也。”《说文》：“公，平分也。从八，从厶。八犹背也。韩非曰：‘背厶为公。’”《说文》：“厶，奸邪也。韩非曰：‘仓颉作字，自营为私。’”段注：“厶，公私字本如此，今私字行而厶废矣。”陈教授指出，《说文》采纳韩非对“公”“私”的训诂，但其并非此二字的本意。

从甲骨文、金文的用例及文字学家的解释，以及传世文献《诗》《书》的大量用例，基本可以断定，《尔雅》对“公”的解释应该是早期“公”字的基本含义，“公”是对祖宗或君的尊称，《诗经》中的“公”基本指君国及其相关物事，沟口雄三称之为“首领性”的“公”。首领代表一个共同体，故后来引申出平分的价值义。“私”（厶）的核心含义与“己”“自我”“个体”有关，后来引申出偏私、私有、自利、自私，乃至韩非所说的奸邪等含义。

在春秋时代，公私关系主要体现在公室、公家亦即诸侯国与私家、私门亦即卿大夫家之间的张力与冲突中，这也是后世“公”“私”用语与价值对立的一个根源所在。在晚周诸子那里，“公”“私”都由描述性的实然义发展出了规范义、价值义或抽象义，从而基本奠定了直至今天我们仍在使用的“公”“私”话语的基本含义。“公”“私”的原初含义及其引申义，可见表如下：

	公	私
含义 1	君、国、公家、朝廷及其相关物事	个己、自我及其相关物事
含义 2	平分、公正、无私	自私、偏私、奸邪
含义 3	共同的、普遍的	个人的、个体的

陈乔见教授兴奋地指出，对于“公”如何由实然义的“君”发展出规范义和价值义的“公正”，他找到了一条关键性的材料。《白虎通·爵》云：“所以名之为公侯者何？公者，通也，

公正无私之意也。”作为君主的公为政就应该公正无私，这当然是汉代经学家的解释，但也透露着“公”的含义的演变线索。

三、“公私”之辨的历史衍化与转折

在厘清“公”“私”概念的基础上，陈乔见教授从观念史的视野，进一步讲述了中国哲学史上“公私”之辨的衍化与转折。

先秦诸子的“公私”之辨关注的问题是为政者的政治美德。无论是儒家的“公则说”“公事不私议”“天下为公”，以及为政者应当效法“天无私覆，地无私载，日月无私照”（所谓“三无私”）公正无私；还是墨家“举公义，辟私怨”以及法天之无私；抑或是道家的“道无私”“道者为之公”以及治天下效法道无私；乃至法家“明分公私”“任法去私”等主张，无不是从政治着眼，要求为政者公正无私。《吕氏春秋》首次出现以“公”“私”命名的篇章如《贵公》与《去私》，其中核心思想仍然是主张为政者应当公正无私。值得一提的是，《贵公》篇在君主专制前夕提出“天下非一人之天下也，天下之天下也”的观念，十分难能可贵，这一条也被当代新儒家的《为中国文化敬告世界人士宣言》所援引，用以说明民主政治是中国文化发展的内在要求。

宋明理学家喜言“公私之辨”。朱熹说：“其意则有公私之辨，学者又不可以不察也。”陆九渊说：“凡欲为学，当先识义利公私之辨。”吕祖谦说：“公私之辨，尤须精察。”王阳明说：“毫厘何所辨？惟在公与私。公私何所辨？天动与人为。”但是，宋明理学的“公私”之辨关注的主题是道德哲学或修身学，其突出特征是在心术上辨析公与私，认为“虽公天下事，若用私意为之，便是私”，“人才有意于为公，便是私心”，“君子之心公而恕，小人之心私而刻。天理人欲之间，每相反而已矣”等；他们特别推崇“廓然而大公，物来而顺应”的境界，反对“自私而用智”。

驯致明清之际，“公私”之辨发生了一个重大转折。首先是以李贽、陈确等为代表的晚明思想家率先为“私”“欲”正名，他们高喊“夫私者，人之心也”（李贽），“有私所以为君子”（陈确），认为人之有私心，正是人们努力耕田、齐家、为学等动力之所在；没有私心，不可能成就一番事业。明清之际的黄宗羲、顾炎武和王夫之则进一步思考公私关系，他们都承认人之各私其利的合理性。黄宗羲批判了传统君主专制下的君主“以我之大私为天下之大公”的历史现象，向往实现“藏天下于天下”的“三代之治”；顾炎武提出“合天下之私以成天下之公”的著名论断；王夫之则发出了“人人之独得即公也”的响亮口号。

清儒如程瑶田和龚自珍等，都写过以“公”“私”命名的文章，他们批评当时社会流行的“一公无私”的话语与现象。程瑶田在《论学小记·述公》中说：“公也者，亲亲而仁民、仁民而爱物……爱之必不能无差等，而仁之必不能一视也。此之谓公也。”他认为那些宣称“一公无私”的人往往都是出于沽名钓誉的意必固我。龚自珍在《论私》中，通过揭示天地日月都有私的自然现象，反思先秦诸子经常道及的“三无私”观念；他也通过列举《诗经》中“公”“私”对举的诸多情形，说明古人公私观念的多元性，既有先私后公，亦有先公后私；既有公私并举，亦有公私互举。

四、何种问题，什么公私？

讲座尾声，陈乔见教授对以上四个时期的“公私”之辨的主题与思想做了总结：先秦诸子的“公私”之辨局限于为政主体一己之内，强调为政者应当公正无私。宋明理学的“公私”之辨局限于道德（修身）主体一己之内，强调在心术上辨公私，“公私”之辨几乎等同于诚伪之别。明清之际的“公私”之辨则越出主体一己之内的局限，关注国—民、群—己之间的利益关系。清儒批评“一公无私”，认为儒家的差等之爱本身就是公，这与宋明儒者的看法高度一致，这其实也是儒家的核心价值观。

陈教授认为，我们应该从当代学者讨论的诸多问题入手，澄清“公”“私”的不同含义及其关注的实质问题。以儒家为例，若就公利（国家利益）与私利（个人利益）的问题而言，儒家尊重个人利益的合理性，承认国家利益的必要性，主张藏富于民。若就公共领域和私人领域而论，儒家并非如有的学者认为的那样公私不分，儒家主张“门内之治恩掩义，门外之治义断恩”。若就公德与私德的问题而言，儒家的五常“仁义礼智信”和“忠”（尽己之谓忠）、“恕”（己所不欲，勿施于人），没有一个是所谓私德可以涵括的。

陈乔见教授指出，当我们就公私关系做出论断或就公私观念做出评价时，一定要清楚涉及的实质问题是什么，“公”“私”的含义是什么，不然就很容易将不同的问题缠杂在一起而出现种种互相矛盾的论断。

五、交流互动

陈畅教授点评说，陈乔见教授给我们带来了一个非常精彩的报告，对先秦至明清的公私观念作了翔实的梳理和讲解。他指出，民国学者的一些论断多有不实之处，以至于我们今天的学者不得不花费不少精力来澄清。陈畅教授表示，他比较关注的是明清之际公私问题的探讨，沟口雄三在《李卓吾·两种阳明学》中提出，从李卓吾至清初三大儒，其所讲的“自私自利”转化成积极的说法即“自主自利”。这也从另一个层面表明公私观念的衍变。

哲学系吴重庆教授表示，从此次讲座中受益颇丰。他说，“公”“私”话语和概念在中国社会和中华文化中具有深厚的历史和社会基础，渗透于政治、经济和道德等方方面面，直至当下，关于“公私”的辩论依然存在。就此而言，“公私”毋庸置疑是中国思想与文化中的“标识性概念”。吴教授认为，儒学的现代发展需要开拓出“公”的维度，这是儒家思想生命力之所在。转而，他提了两个具体问题，一是对于“天无私覆，地无私载，日月无私照”的说法，结合古代多有祈雨、旱涝无常的现象，儒家会做出何种解释？二是既然“物来而顺应”，那是否还需要“格物”？

陈乔见教授回应说，他非常赞同儒学的现代发展不能仅仅局限于私人领域，他本人非常重视儒学的公共性诠释，《义的谱系》一书的副标题“中国古代的正义与公共传统”即有此用意。不过，对于公共儒学的现代发展，确实需要进一步探索思考。至于“三无私”与祈雨的问题，儒家比如董仲舒确有祈雨的实践，但儒家如何解释两者之间的矛盾，之前不曾想到，以后阅读文献时会留意有无相关材料。关于“物来而顺应”与“格物”的问题，程颢以“治怒”为例说明，“当怒则怒，当喜则喜”就是“物来而顺应”，即所谓“情顺万物而无情”。

有同学问，“权”是公的还是私的？陈老师回应道，如果是与国家、政治相关的权力或政治权威，那当然属于“公”的范畴；如果是与个体相关的权利（rights），那就属于“私”的范畴。

有同学问，公私概念和群己概念是什么关系？陈老师回答道，“私”的核心含义就是个己及其相关物事，后来引申为自私、自利、偏私。儒家有“为己之学”的说法，并非贬义。“公”的原初含义是部落首领，部落首领代表一个共同体及其成员，在此意义上，“公”与“群”有相关性，部落共同体有大有小，故群也可大可小。

有同学问，沟口雄三关于公私观念的研究有其历史背景，那么公私观念研究是否也应该考虑其社会历史背景？陈老师回应道，据其所知，沟口雄三的研究确有反思日本天皇制度的动因，他会强调中国具有超越君国的“天之公”，而日本的“公”没有这一层含义。陈乔见教授说，他个人的研究工作主要还是梳理和澄清中国传统中的“公”“私”含义以及“公私”之辨的实质思想。这与思想史的视角有所不同。

有同学问，如何解决诸家（如儒家、法家）对于“公”在具体意涵上的不同？如果将其总结为“为政主体一己之内，主张为政应当公正无私”，在细微之处应如何分别？陈老师回应道，“公”是指与君国相关的物事，“私”是指个体与臣民及其相关物事。儒家主张立君为民；法家主张君主至上、强国弱民，思想实质不啻天壤。但是，孔孟不会用“公”字来指称人民的利益，他把孟子的思想概括为“公而共之”，即君主所拥有的资源应该与民共享。

有同学问，仁爱作为一种差等之爱，如何与公德联系？陈老师回答道，“仁者爱人”，所爱之人不只是亲人，而是指向一切人，在此意义上，它当然是公德。清儒强调从人际关系（“人相偶”）的角度解释仁，就意在说明仁不纯粹是个人修身之事。陈畅老师补充道，梁漱溟先生在《中国文化要义》中讲儒家伦理“互以对方为重”，这种情感是人类社会凝聚和合之所托。

（整理：姬静怡）

"标识性概念"系列讲座第二十四讲

风　俗

主讲人：鞠　熙

主持人：赵世瑜

时　间：2025年4月21日

地　点：中山大学锡昌堂103讲学厅

鞠熙　民俗学博士，毕业于北京师范大学。曾先后在法国社会科学高等研究院（EHESS）、法国远东学院（EFEO）等处进行博士后研究，现为北京师范大学社会学院教授。主要关注北京乡土社会与民间信仰，长期主持中法国际合作"北京内城寺庙碑刻与社会史"项目，合作出版《北京内城寺庙碑刻志》（前六卷），发表论文多篇。

《诗》以国风起首，《关雎序》将风、俗并举，奠定了"风俗"概念在中国文明中的核心地位。中国现代民俗学将古代风俗学视为自己的前身，但风俗不等于民俗，正如风土也不等于乡土。

"风俗"在观念上以天道和天下为前提，在对象上将天地万物置于男女之前，将日用彝伦和圣人教化视为一体，在方法上强调“听协”与“观风”两种方式，通过在活着的当下中寻找永恒的过去，建立学术指向的超越性。理解了这样的“风俗”概念之后，我们也许才更能理解《民俗周刊》发刊词说“我们自己就是民众，应该各各体验自己的生活！”时的革命性。

听协风俗，乐物生生

2025年4月21日下午3时，“标识性概念”系列讲座第二十四讲“风俗”在中山大学广州校区南校园锡昌堂103讲学厅举行，本期讲座由北京师范大学社会学院教授鞠熙主讲，中山大学人文高等研究院驻访学者、北京大学历史学系教授赵世瑜主持。

讲座伊始，鞠熙教授首先表示讲解“风俗”这一标识性概念对自己来说既是巨大的荣耀，也是巨大的挑战。中国民俗学一直将“风俗”作为前身，从七八年前开始，中国人文社会科学界似乎重新发现了“风俗”这一概念的巨大学术生命力与生长力，开始了不同程度的研究与探讨，而其本人则将聚焦于自身的治学经历与民俗学的学科本位，从中国文明本土的“风俗”概念产生的落差角度谈论对这一概念的理解。

一、重思“风俗”概念的起点

概念的起点往往是理论建构的基石，尤其对“风俗”这类兼具历史厚度与文明特质的本土范畴而言，厘清其初始定位与认知框架，不仅是学术脉络的溯源，更是打开文明理解新维度的钥匙。鞠熙教授首先追溯“风俗”的经典渊源，指出《毛诗序》中“美教化，移风俗”及“诗有六义：一曰风”奠定了中国文化中“风俗”的核心位置。

而在具体阐释中，中国民俗学将“风俗”视为“民众（尤其是底层）生活传统”，无论是民俗学泰斗钟敬文先生的《民俗学概论》还是经典民俗学研究路径，均将“风俗”视为底层社会的文化表达，与上层政治制度有所区隔。而法国汉学却与这一定位不同，沙畹的泰山研究与吕敏的北京内城寺庙研究，均把在中国民俗学领域中被视作下层、草根乃至民间边缘的文化当作理解中国文明的核心密码。葛兰言在《中国古代的歌谣与节日》中反对将“国风”视为民间歌曲，认为应回到《诗经》早期评论者的“王制”角度去理解阐释。在《中国思想》中，他指出中国古代的月令、仪式、政治格言虽大多以“乡土”为主题，却构建着国家政治秩序的关键——帝王通过整合乡土习俗（即“风俗”）实现对天下的治理，因此“风俗”本质是“政治理想秩序的具象化”。法国汉学的跨文化对话促使我们回归中国“风俗”概念的原生土壤，重新理解“风俗”作为文明整体性表达的独特价值。

二、风俗vs民俗：两种文明观的分野

（一）在“天下—天道”框架中重释“风俗”的本土基因

在对“风俗”概念作重释之前，鞠熙教授先明确了自我的研究旨归：通过聚焦“风俗”与“民俗”的概念分野，探寻看待世界的另一种可能，揭示“风俗”为文明研究开拓的新维度。鞠熙教授指出，“风俗”与“民俗”的根本分野在于其背后的文明观差异，可凝练为“天下而非国家，天道而非人道”，这一论断以

顾炎武、朱熹等思想家的论述为基，揭示了中国本土“风俗”概念的独特性。顾炎武《日知录》的中篇“治道篇”开始于第十三卷，这一卷的主旨在于历数从周代至明末的风俗。正是在这一卷中，他提出了著名的亡国与亡天下之说：“有亡国，有亡天下，亡国与亡天下奚辨？曰：易姓改号，谓之亡国；仁义充塞，而至于率兽食人，人将相食，谓之亡天下。”天下作为抽象的儒家政治原则，需要通过“风俗”落实到具体生活，所以他说：“风俗者，天下之大事。”也强调“论事不考其风俗，无以明人主之功”，即政治得失必须通过风俗兴衰来评判。如同《毛诗序》中所说“是以一国之事，系一人之本，谓之风”，也恰如梁启超所讲“国风之善恶，则国命之兴替所攸系也”。

总之，“风俗”是天下的可视化呈现，承载着儒家最高政治理想，而不是民间社会的自发创造，极大区别于我们所理解的“民俗”。“风俗”不仅是客观现象，更是对美好世界的想象，具有价值指向上的超越性。《荆楚岁时记》等风俗文本虽记录地方习俗，却始终指向天下秩序——既呈现自然节律（岁时更替），也彰显人伦生长（个体生命与社会伦理的统一），本质是“天下之道”在人间的展开，隐含着秩序井然以及生生不息的价值，总是与美好世界和美好生活联系在一起。朱熹对“风俗”概念的认知也体现了这一点，他通过分析“风俗”与“世俗”的对立，进一步厘清其内涵。在朱熹看来，“风俗”是天道与人伦的合一，指称三代的理想社会或化外之地，即最美好的社会秩序，因那时“政治统治与百姓日常生活合一”，学问从“民生日用”中自然生发，如“饮食起居皆为学问”，无须刻意教化，百姓自能遵循天道人伦，形成“王者之化”的理想秩序。后世所谓“世俗”，是脱离天道，沦为功利化、碎片化的流俗，与风俗的“整体性”“道德实践性”截然对立。朱熹的认识是一种以天道为基的实践哲学，认为风俗的形成是“圣人顺天道、制礼乐”的结果——圣人洞察民生背后的自然规律（天道），通过制度设计（如周礼）引导百姓生活，使“学问”与“生活”“政治”与“伦理”浑然一体，最终实现“风俗大化”，并区别于西方的自然法。

在“天下—天道”的视域下，鞠熙教授进一步提炼“风俗”概念中潜藏的“整体贯通”的时间观：“风俗”超越线性历史观，强调通过体验当下生活，连接过去与未来，形成“永恒回归”的时间循环，不断追溯三代以启发我们对未来的美好想象。若脱离了对当下生活的体验，将会陷入时间的割裂，无法理解过去，也无法想象未来。这也指出了“风俗”与“民俗”第一层区别：民俗学过于强调当下的日常生活，关注当下的“身份建构”，绝对推崇人道主义，局限于世俗国家的民族国家政治理想，因此不具备“天下”和“风俗”概念的超越性气质。

（二）从“人的主体性”到“世界的限定性”

鞠熙教授在对比“风俗”与“民俗”时，进一步揭示二者在“如何看待世界”这一本体论层面的根本差异：风俗以“世界整体”为起点，强调自然与人文的一元论；“民俗”则以人为中心，聚焦人的主体性与身份建构。在具体论述过程中，鞠熙教授继续以中国古代经典为锚点，还原“风俗”概念的原始语境，揭露“风俗”概念的本质含义。东汉应劭《风俗通义》作为首部专论风俗的著作，继承《汉书·地理志》“系水土之风气”“随君上之情欲”，强调“风俗”来自自然环境与多样化的人性（包括一切含血之类），“风”是天气地形，水泉草木等自然现象，“俗”则是言语、歌讴、鼓舞、动作等人类活动（也包含动物），二者融会贯通为“风俗”。自然与文化本就是一体，风俗体现着“万物与我为一”的宇宙观，绝非单纯的人类文化创造。

由此向下延伸，“风俗”的哲学根基当为由“气”所构成的“一元论”：《易·序卦传下》所言的“有天地，然后有万物”昭示着天地万物为人类提供基本框架，人类伦理如夫妇之道等是自然秩序的延伸。山川、草木、气候等自然要素不仅是人类活动的“背景”，更是构成“风俗”的核心要件。相较于西方人类学常将自然视为“象征符号”或“文化背景”，如列维-斯特劳斯认为动物是“用于思考的符号”，中国的“风俗”概念则主张自然即文化，文化即自然。庄子“通天下一气耳”的哲学在此落地——世界由“气”构成，万物通过“气”的流动相互转化，“风”是气的流动，本质是天道规律，如四季更替、生老病死等的具象化。自然与人类共享同一套秩序，无主客之分。例如《风俗通义》论“山泽”，将五岳四渎视为“三公诸侯”，即人类社会秩序的自然对应物。

同时，“气一元论”本质上指向世界观的根本问题。《风俗通义·山泽篇》序阐明讲“风俗”之所以要以“山泽”为论说起点，正是因为“圣不独立，智不独治”——人类的智慧无法脱离山川大地而存在，人的认知与实践始终被自然框架所限定。“风俗”概念的核心意涵，在于强调世界对人的限定性而非人的主体性：不存在外在于世界的绝对主体，人的主体性也无法脱离世界而被单独讨论。鞠熙教授以北京山区的田野调查为例：当地高山存在高达70度陡坡、石灰质土壤、夏季集中降水等自然条件，直接塑造了特定的生计方式、民间信仰等文化形态，这恰恰证明了“世界的限定性”优先于“人的主体性创造”，与“文化是人类造物”的传统认知形成对照。民俗学自19世纪学科建立以来，始终在追问“谁是民”的问题，其核心是对“人的主体性”的探寻。但“风俗”概念则将“世界”置于首要位置，它本质上是人与世界交往的方式：不是先验存在定义了人，而是人与世界的互动关系定义了人。我们栖身于世界之中，山川湖泽、草木水土、音声气息的流动，共同构成了人的存在根基；而人与物的共同存在，又编织成整个社会网络——恰如马克思所言，“人是一切社会关系的总和”。

三、方法论启示：“观风”与“心斋”的现代意义

鞠熙教授澄清“风俗”概念的核心——它不是外在于人的文化对象，而是人与世界交往的动态过程，是“世界通过限定性定义人”的整体性存在。当我们将“风俗”理解为这种“共在关系”而非静态的“民俗事象”时，一个关键问题便浮出水面：既然风俗本质上是人与世界相互建构的“活的脉络”，而非可切割的研究对象，那么该如何建立与之匹配的研究方法？鞠熙教授为此将“风俗”从历史概念转化为方法论工具，为本土人文研究提供了现代意义的“观风”与“心斋”的路径。

鞠熙教授提出中国传统“观风”智慧源于《礼记·王制》《汉书·艺文志》等典籍，其核心为“观风知政”，通过“采诗”、采集民风，了解社会、服务治理。“观风”的主体是致力于社会治理的“王者”，所观的是“风”的文本，而非真正的“风”，需与学者理解的“风俗”方法论相区分。“观风”只是

采风后的行为，采风突出“听”的过程，通过听声音而不是看形象去采风。从文化内涵看，“风”首先与“诗歌音乐”绑定，“诗言志，歌咏言”，古人“听风”实质是捕捉社会集体意志与自然韵律，而非停留于视觉表象。如《汉书》言“行人振木铎采诗”，木铎之声象征对“风之韵律”的感知，与列维-斯特劳斯所说欧洲、南美洲的季节性仪式如复活节敲木乐器、倾听大黄蜂振动翅膀声等本质相通，均通过“听自然/社会之声”标记时间节律、建构共同体。中国古代以“乐教”为风俗教化根基，《国语》讲“能听协风俗，以成乐物生者”，“风”经音律规范后成为促进社会和谐的“生生之力”，聆听、采风与用乐的过程，即是理解风俗、实现“天下生生”的过程。

在跨文化比较视野中，鞠熙教授援引古希腊“谣言女神”（Phēme）与海德格尔“闲言理论”，指出“风”作为“口头传统”的核心意涵，在中西方古典世界及古今民俗学语境中达成了共识性阐释：Phēme与中国“风谣”皆被视作源自社会深处的流动力量，体现公共话语的集体性本质；海德格尔则认为人所在的世界首先体现为闲言，闲言无法追根溯源，事实上是封闭了人自己的最初源头。由此，公众的解释就具有了统治性。民俗学所强调的“集体性”正植根于此——闲言共乎他人，并朝向自身，人类只有通过闲言才能共同存在。“风俗”概念为社会学研究指明方向：当面对难以捕捉实体的困境时，必须转向对闲言碎语、市井八卦等非正式文化表达的捕捉——这些流动的“风言风语”，恰是理解社会肌理最真实的切口。

鞠熙教授阐明采风方法源于道家，庄子的“心斋”概念为我们提供了一条可行的方法论路径。她借用庄子“听之以气”，主张研究者应通过听故事，进入说者的“濠上”，关心故事得以展开的那个世界本身及其历史，即通过共情与体感融入研究对象的世界，通过庄子的“心斋”，用“气”去感应彼此，以在“吹万不同”的天籁之中寻找规律并建立秩序，从而生生不息。

四、互动交流

讲座结束，赵世瑜教授作为主持人首先对讲座进行了总结，着重阐释了两大启示：其一，鞠熙教授提出的“听”的哲学与方法论，为“儒家经典鲜少描绘图像”的现象提供了新解；其二，“听风”研究根植道家思想，与司马迁撰写《史记》时“网罗天下，放失旧闻”的史家精神一脉相承。此外，他还认为鞠熙教授的讲座主题与中山大学哲学系“文在乡野”的专题展览在意义上具有高度一致性。

香港城市大学中文及历史系程美宝教授关注概念的时空张力，提出如下问题：“风俗”的文本表述随时代变迁而有诸多微妙变化，如何处理这些微妙变化？20世纪80年代的生态主义概念与“风俗”概念有何差异？鞠熙教授回应，“风俗”概念建立在永恒回归的时间观之上，追溯三代即是想象未来，在整体时间观支配下的“风俗”概念文本细微差异或可忽略。虽不同时代“风俗”具体表述有变，但其背后“天下—天道”的底层逻辑框架在诸子时代以来已保持稳定；生态主义，包括生态修复主义的逻辑，是自然与文化的二分法，但风俗恰恰是生态与人文的统一，无法用生态主义解释。

清华大学社会学系张小军教授提出反思：要警惕把“风”的

概念固化并任其侵略其他文化，在用中国的本土概念与西方进行学术对话时应格外慎重。鞠熙教授认同这一观点。

中山大学社会学与人类学学院黄瑜副教授聚焦方法论视角，提问：在不去追逐字句本身的情况下，还可以通过哪些新的媒介去呈现自身对“风俗”的理解？鞠熙教授回应，以自我喜欢的工具和媒介形式呈现即可，因为表达的是“我”的理解。

中山大学人文学部主任、哲学系陈少明教授则关注工业社会中的民俗状况，认为当边缘地区的人进入中心，或中心的人进入边缘时，常会发现想象中的“风俗”已消失殆尽，当地人反而觉得自我沦为被观赏的对象。这种困境下，我们是否还要刻意保留“风俗”？鞠熙教授回应，“风俗”一词在工业社会后逐渐退场，如今学界更多使用“民俗”。但“民俗”绝非仅指前工业社会的遗存，而恰恰指向技术时代的日常生活。

老师们从不同角度作出的引人深思的提问与总结也激发了在场同学的思考，有的同学提到对文献的反思与现代风俗的困境，认为鞠熙教授的讲座虽梳理了大量文献，但若脱离具体历史语境，易混淆思想脉络，且讲座中论及的“风俗”体系极具理想性，现实情况是传统“风俗”正被商品化且已无法回到过去。鞠熙教授在回应程美宝教授问题基础上，进一步提出超越实证主义与摒弃线性史观的做法，认为不妨暂时从细枝末节的考证中脱离出来，将世界视为一个整体来理解，建立一种整体性的朝向未来的指向。

鞠熙教授的讲座表明，中国自主知识体系的建构，本质是“概念主权”的回归，不是创造新词，而是激活旧概念的现代性，让“风俗”“天下”“气”等标识性概念成为解释中国、对话世界的“基因密码”。她最终回到《民俗周刊》发刊词——“我们自己就是民众，应该各各体验自己的生活”。中国民俗学的生机正藏于未被驯化的“风声”中——无论是庄子的天籁，还是山民的闲谈，皆在提醒我们：学术不是衡量世界的标尺，而是与世界共生的方式。正如木铎之声穿越三千年，在今日的田野中，它依然召唤学者放下笔记本，用心听风、听雨、听人烟。

（整理：李可欣）

"标识性概念"系列讲座第二十五讲

自己人

主讲人：杨宜音
主持人：陈少明
时　间：2025年5月8日
地　点：中山大学锡昌堂103讲学厅

杨宜音　1998年毕业于中国社会科学院研究生院，获博士学位。中国社会科学院社会学研究所研究员，博士生导师，学术委员会委员。《中国社会心理学评论》主编，曾任中国社科院社会心理学研究室主任、中国社会心理学会会长。

主要研究领域为群体过程的文化社会心理学，中国人群己关系与社会认同、群际关系变迁，社会变迁与社会心态等。

本讲座试图以社会心理学质性研究方法和问卷调查方法获得的经验研究资料，描述和分析中国人在日常生活中使用"自己人"概念的社会心理意涵。

研究发现，"自己人"概念表达了中国人将他人包容进自己的自我边界之内而形成一个规范社会交往关系的边界。这一边界既有区别内外的功能，也有自己人与外人相互转化的互通功能。内外互化的结果并不是形成内群体，而是形成一个具有关系特性的亲密、信任、义务的心理格局。

边界可通透的“自己人”

2025年5月8日下午3时，“标识性概念”系列讲座第二十五讲“自己人”在中山大学广州校区南校园锡昌堂103讲学厅举行，本期讲座由中国社会科学院社会学研究所研究员杨宜音主讲，中山大学人文学部主任、哲学系教授陈少明主持。

陈少明教授在开场白中介绍到杨宜音研究员的理论研究专长在社会认同、社会心理、社会变迁等，是社会心理学领域内有影响力的权威学者。“自己人”这一概念，做哲学研究的学者也常有接触，而杨宜音研究员则将从社会心理学视角来讨论“自己人”的概念，进而深入探讨人与人之间交往的逻辑。

一、中国人的“自我”与“自己人”

讲座伊始，杨宜音研究员由“肥水不流外人田”“胳膊肘不能往外拐”“打虎还得亲兄弟，上阵须教父子兵”等俗语来引入对“自己人”这一概念的思考，认为“自己人”是一个区分内外、规范行为的概念，这一概念包含着社会心理学关注的几个重要心理关系，包括人际关系、群己关系、群际关系、他群关系。

“自我”（self）是心理学的重要领域，在北美的社会心理学学术传统中，主要以“自我”为整个研究体系的起点。目前国内最流行的、翻译过来的美国社会心理学教科书，多是以“自我”

为中心而往外推来评判社会关系，比如“偏见”就是“不喜欢他人”，“攻击”就是“伤害他人”，“吸引与亲密”就是“喜欢他人与爱他人”。可见，社会关系研究多是以“我”为原点来讨论“我—他”关系。

那么中国人的“自我”又在何处呢？梁漱溟先生曾在《中国文化的命运》中指出中国文化最大的偏失就在于个人永远不被发现这一点上。由此，杨宜音研究员列出中国人第一称谓的诸词语，如“鄙人”“晚生”“愚弟”“老朽”到“朕”“臣”“在下”“奴才”等，可看出“我”这个概念在中国传统文化语境中，并不是一个简单的“self”，其中还包含着“秩序”与“德行”的内容。

西方的社会心理学有着关于“自我”的丰富理论，其中“自我构念”（self-construal）是一个关于自我结构性特征的概念。在跨文化比较视野中，普遍认为中国人没有“自我”，即倾向强调社会角色与社会关系，而不是强调个人的独特性和独立性。与西方文化注重个人的独立性和自我表达的独立型自我不同，中国人的“自我”是强调人与人之间相互依赖的互倚型自我。独立型自我通常将重要他人置于自我边界之外，而互倚型自我则认为自我边界内部可以有重要他人。杨宜音研究员认为，自我边界特征反映出人们处理“我—他”关系、群己关系、群际关系的心理机制。它涉及“我—他”边界如何划分、划分后有什么心理影响这两个最基本的问题。只有在解决了这两个问题的基础上，才能讨论社会心理学关注的群己关系和群际关系。而中国人的自我边界之所以特别受到华人本土社会心理学学者的重视，在于我们需讨论社会文化到底是如何对我们划分“我—他”边界形成影响的，并提出社会文化心理学的视角的解释。华人学者杨中芳曾提出在“自我”的范畴内区分“个己”与“自己”。前者代表以个人身体为标志设立边界、将自己与别人区别的“自我”，后者则代表一种不但包括个体的身体实体，而且还包括一些具有特别意义的他人（即自己人）的“自我”，她认为中国人的“自我”属于后者。于是，她认为“自我”的核心叫做“个己”，即个人的自己，这是中西方兼有之的。但是与西方人不一样的是，中国人的“自我”除了“个己”，还多了一层“自己人”的概念。

“边界”是“自己人”概念的核心文化心理机制。杨宜音研究员认为，“自我”不仅是身体的边界、实体的个体（物理事实），也是被文化化了的一个文化事实。审视“自己人”这一概念，需要关注中国人如何划分“自己人”和“外人”这一人际关系，所以需要先了解中国人是如何对人际关系进行分类的。

在此，杨宜音研究员列举了三个重要人物的观点。其一是中国台湾学者杨国枢，把中国人的人际关系分为“家人”“熟人”“陌生人”三种关系。他指出，在家人关系中，彼此要讲责任（即责任原则），而不那么期望对方作对等的回报（社会交换的预期最低）。在熟人关系中，相互要讲人情（即人情原则），较会期望对方回报（社会交换的预期中等）。至于陌生人关系，只能依照当时的实际利害情形而行事（即利害原则），两者之间比较会精打细算，斤斤计较，对给与取的平衡或公道相当敏感，对回报的期望也很高（社会交换的预期最高）。其二，黄光国先生运用原型分类的方法，提出了“工具性关系”“混合性关系”“情感性关系”的模型，他认为典型的情感性关系是家庭关系，在交往中遵循“需求法则”；典型的工具性关系是陌生人关系，在交往中遵循“公平法则”；典型的混合性关系是熟人关系，在交往中遵循“人情法则”。其三，杨中芳教授提出“既有关系/交往关系，既有关系再分为工具性关系+表达性关系”，在情感中包含着两种成分，即真情和应有之情。

在这些分类理论中，杨国枢的分类中的“家人”是按照血缘关系划分的，“熟人”和“陌生人”是按照交往频率划分的。黄光国的分类是原型分类，但是“情感性—工具性”维度是否成立，即二者是否构成互补关系值得讨论；并且，情感成分不仅有数量上的多少，还有正向与负向的维度，即肯定与否定的维度。这是因为，传统中国社会情感性关系与工具性关系相互分化程度很低，例如，家人之间情感性关系与工具性关系相互粘合，以交换的稳定来表达情感的亲密（如代际互报），或以亲密的情感保证交换的稳定；陌生人之间情感往往是否定的（如欺骗外人）。

杨中芳的分类则比较好地揭示了心理（真情）、心理与身份的附着（应有之情）和分化形成的情感格局，这个格局也就是义务格局，因而也是信任格局。她的分类是以真情作为一个维度，以应有之情作为另一个维度，于是形成四种关系原型：高真情和高应有之情的类型是“亲情”，低真情和低应有之情的类型是“市场交换关系”，高真情和低应有之情的类型就是“友情”，低真情和高应有之情的类型就是“人情和恩情”。当“家人”社会身份含义产生泛化时，人情和恩情关系就更贴近家人关系；当“家人”心理含义（自己人）产生泛化时，友情关系就更贴近家人关系。我们可以看出，真情更多地具有心理的个体选择的意味，应有之情更多地具有社会身份伦理的意味。从信任的角度看，也可以从值得信任和应该信任两个维度得到同样的四种类型：当信与真信合一（家人、自己人、铁哥们），当信为主（亲属），真信为主（挚友），不当信亦不真信（外人）。

二、可伸缩、可渗透的“自己人”边界

带着对“自己人”及其边界的思考，杨宜音研究员分享了她的田野调查经历，重点观察了一家农户为其儿子操办婚礼的全过程。在婚礼之后，她将礼账上的名单与实际交往关系对照、补齐，请被研究者根据亲疏程度将与婚礼上送礼的192户（包括自家人）分类、排序，并对各类别进行命名和说明。被研究者还详细和反复地回忆和解释了与这些户（人）交往的感受，对他们的评价，曾经发生的事件和归类的依据。

杨宜音研究员指出，被调查对象一般在两种意义上使用“自己人”概念：一般意义的自己人指“自家人”，相对意义的自己人指在一定情境下划定内外区别边界后，朝向自己一侧的这部分人。前者是目前生活中最常用的意义，说明家庭边界的基本和重要。后者是将一般意义自己人内外区别的内涵外推到自家人以外情境下产生的，可以由此看到边界的可伸缩特性。

在相对自己人的意义中，已经很容易看到外人变成自己人或相反的可能性，由于在特定情境下，自己人边界可以向外扩展，原本为外人的人就可能被包容到边界内而成为自己人。在传统的社会里，这样的过程总是在亲属制度层面上发生着。例如，原本相互不认识的“陌生人”通过缔结婚姻关系而变成具有亲缘身份的“自己人”。或者由于亲属的去世，原有连带交往的亲缘关系也就中断了。另外，上一代人没有出“五服”的亲缘关系，在下一代人那里就可能出了“五服”。在家庭中，当家人出现变化的

时候，就会有关于要不要保持“五服”以外关系的新决定。这当中，有因经济原因无法保持礼尚往来而中断的，有因特殊的原因被迫中断亲缘关系的。这些变化，基本上属于亲缘身份的改变，因此，在亲属网络中自己人变成外人或外人变成自己人，可以通过仪式行为来表达、获知以及被理解。

在传统社会中，交往也导致了自己人与外人的相互转化。这种现象的发生是个人性的，即在个人之间的交往中，相互建立了亲密情感、信任和义务感。但是，由于传统的自己人是亲属自己人，因此，外人变为自己人往往要获得相应的拟亲属身份，例如干亲、拜把子兄弟等。这一过程被称为“拟亲化过程”。与之相对的是由于不再交往而中断的亲属关系，即“去亲化过程”。从这一进一出的过程看，“自己人”边界不仅是一个可伸缩的边界，也是一个可渗透的边界。

在婚礼礼账分析中发现，被观察者将192户关系按照亲疏远近分为6类，每一类有两种人，一种是有亲属身份的人，另一种是通过交往形成的远近不同关系的人，比如密友、熟人、偶尔来往的人等。在田野观察中，杨宜音研究员从一位密友在敬酒时叫“王哥”却被要求改口叫“哥”的个案中看到，交往关系中的外人变为自己人时所需要的“拟血亲关系”身份对亲密的承载，通过这种认可，完成从外人到自己人的转变。

在传统社会，“自己人”概念最初是包含在“自家人”概念中的，自家人就是自己人，自己人也只有自家人。当与自家人以外的人交往使得人与人之间由于个人性因素而形成亲密情感、义务和信任之后，除了通过结亲真正变为自家人之外，只有通过拟亲的方式才能给予这些交往中的人等同于自家人的身份。而这个身份（自己人）又规定和限制了交往行为应该类似自家人。自己人这种不是社会伦理身份却似社会伦理身份的特点，客观上保证了亲密、责任和信任关系的稳定。在社会流动加大后，交往成为关系建立的前提。这时候，由于个人之间的亲密和责任缺乏血缘亲情的连带、极少有熟人社会做保证，自己人身份就成了信任的依据。

自己人保证了人们通过交往能够获得稳定的情感性和工具性资源，因此，稳定、规范和巩固了交往关系。它不是个体之间仅仅依据个人特性进行交往的反映，不是在人际吸引基础上产生的亲密、人际信任和人际合作；而是一个类似身份的概念，它保证的是关系性亲密、关系性信任和关系性义务。

在上述研究基础之上，杨宜音研究员提出一个符号互动的“自己人/外人的关系分类图式”，这个图式框架以先赋性和交往性为两大维度。当先赋性和交往性双高的时候，就是“自己人”，双低的时候就是外人。先赋性高但交往性低（一高一低）的时候可以把原有的“自己人”“推”出去，比如不怎么往来的亲戚，交往失败的家人等。先赋性低但交往性高（一低一高）的时候，可以看到的例子是作为外人的密友也可以因为交往性的不断提高而慢慢变为拟血亲关系，比如铁哥们。所以“自己人”这个概念具有边界可通的结构特征，并由于通透的特性，在包容进更多外人后边界膨大，推出自己人后边界缩小，表现出伸缩性。当有方向性引领时，自己人可以由小变大。这种边界可伸缩的方向特征、类型可转化的动力特征是自己人概念所特有的。“自己人”在情感上表征为“应有之情/真有之情”双高，在责任上的表征为“义务/意愿”双高，在信任上的表征为“身份信任（关系保障）/交往信任（经验、制度保障）”双高。

在解析了“自己人”的概念之后，杨宜音研究员辨析了“自家人”与“自己人”的异同之处，指出“自家人”是一个血缘概念，而“自己人”则是一个心理概念；在“先赋性/交往性”二者之间的流动中，在“自己人”概念的作用下，“自家人”也可能变成外人，外人可以变为拟血亲的家人。“自己人”与“外人”间的关系并非绝对的，而是具有边界的流动性。

杨宜音研究员在“自己人/外人”与“独立我/互依我”的理论对话中，引导我们思考“自己人”是“独立我”还是“互依我”的问题。她认为，独立和自主是两个要素，需要加以区分，在差序格局中，自己可以自主决定谁是自己人，所以自己人是一个自主而不独立的“互依我”，是一个“关系我”。

三、“关系”与“自己人”

在“关系”的视角下，可以更深刻地理解“自己人”的边界特征。“关”就如同开关一道城门一样，自己可以决定让什么样的人进入这道门，也可以决定把什么样的人推出去再关上门。而“系”就是联系，自己可以决定和哪些人建立、保持或中断关系。所以，中国人的“我”掩藏在关系里。

杨宜音研究员指出，传统文化中最典型的关系就是“五伦”。尊亲格局中的“五伦”关系除了规定两两间的对偶角色外，还包含着尊卑、远近关系，以及对一个关系的伦理规定性。我们的互依性就是以自己为中心，在尊卑与亲疏的分别中来决定他人与自己的远近关系，它构成了中国人互依的社会结构蓝本。我们的“互依我”与角色的伦理规范相联系，其信任和责任是被规定和限定的，在规定和限定的基础上，关系就具有一种稳定性，并给予人们处理人际关系一个参考标准。

而后，杨宜音研究员分析了关系的几大特征。首先，关系的角色形式化与关系决定论是关系的一大特征。以社会身份（特别是以亲缘身份）来界定自己与对方的互动规范，使关系蕴含了角色规范的意义。其次，在关系角色化构成的格局中，关系是亲密、信任及责任的根据。在亲缘关系越相近的对偶角色中，相互之间的关系越应当熟悉亲密、越应当信任、越应当相互负有责任，而亲缘关系的特性恰恰提供了关系与亲密、信任及责任的这种稳定的连带，从而也使亲密、信任及义务的发生总是局限在亲缘关系或准亲缘关系中。

此外，关系是以自我为中心形成的，从自己出发，由近而远，渐渐外推。A的关系里有B，透过B，A便与B的关系网络连了起来，B的关系里面又有C，C的关系里面又有D。这样，就形成了一个越织越密、越织越大的网，形成了牵一发而动全身的局面，也就是以自己为中心，通过他人而形成关系的网状结构（自主中心枢纽）。于是，我是你的自己人，你也是我的自己人。

在“关系我”与“类别我”的对话中，杨宜音研究员进一步思考中国人的“关系我”问题。她讨论了密歇根大学心理学教授尼斯贝特《思维的版图》中分类文化差异研究，其中有众多分类实验，得出东方人更强调功能性的联系，也就是关系，而西方人则更强调范畴联系的结论。在此研究基础之上，杨宜音研究员做了关于同乡会的研究，发现社会流动帮助了关系的类别化，类别又被关系化，关系与类别间呈现一种流动性的特征，也就是当社会环境发生变化时，中国人的“关系我”和“类别我”是相互缠绕的。所以，社会流动会对群己关系进行调整，使它同时兼有类别和关系两种属性，呈现关系和类别相互缠绕的状态。

中国人的“关系”边界呈现一种通透状态，可以被拉动。杨宜音研究员在对2008年北京奥运会的志愿者做参与性研究时发现，中国人的参与是“号召—响应”式的，在内外推力和拉力的作用下，自己人可以升华为具有道德意涵的“大我”。与之对应的便是“公”与“私”的概念，在关系边界通透、可被拉动的前提下，“公”与“私”也是一个具有弹性的概念，在一定情景及引导下，“公”“私”之间没有绝对分界，小的“家庭我”也可以被层层打开至“国家我”“天下我”的“大我”。

所以“自己人”是一个整体性思维，它有一个“大我”的概念。“自己人”在边界中可以包容不同人，讲究和而不同、多元一体，因为有和谐的目标，这就将“同”“容”“共”等概念融在了一起，相互的价值便会叠加在一起。

“我”与“我们”之间可以通过关系化、类别化、镶嵌化的方式进行联系。关系化在自我的表征上是“关系我”，组成的结构性特征是差序格局；类别化在自我的表征上是“群体我”，组成的结构性特征是团体格局；“镶嵌我”在自我的表征上是“多元一体我”，组成的结构性特征是共同体格局。“自己人”就是在关系化中实现“我”与“我们”之间的联系。从自我结构来看，边界坚实的类别化的“独立我”与边界通透的关系化的“大小我”，在双文化或多元文化下也可以相互转换。在全球化多元化的发展中，我们可以慢慢超越文化的边界，形成一个“混融我”。此外，还有和而不同而组成一个大的边界，形成一个“镶嵌我”。

综上，“自己人”是一个中国社会文化背景下建构的边界可通透的自我概念，其通透属性表现在根据“先赋性/交往性”运作包容和排斥的他人的双向过程上，“先赋性/交往性”二者之间的矛盾形成“关系”建立与中断的动力，当包容自己以外的人时，形成关系化我们，“我—我们”的概念便可相通。与群体成员认同群体而形成群体凝聚的机制不同，“自己人”借助关系化机制形成的“我们”是包容他人的结果，或是互为“自己人”的结果，以关系的方式（亲密、信任、责任）相互对待。在内外推力和拉力的作用下，“自己人”可以升华为具有道德意涵的“大我”，在表面上与集体主义价值相符，但其心理机制是关系化而不是类别化。在以流动性为特征的弱关系社会（生人社会/契约社会），“自己人”中的交往性维度渐强，边界通透性渐弱；在双元或多元文化社会，“自己人”的包容性（整体性思维）与独立我性质结合，产生“多元混融我”。可见，“自己人”概念包含着中国人社会心理的文化基因，值得我们进一步去探索。

四、交流互动

讲座结束后，陈少明教授首先表达了对于讲座的感想，认为对于杨宜音研究员在本场讲座中所讨论到的问题，我们每个人应该都会有不同程度的体会，我们平时说“自己人”的时候，通常包含了很多复杂的情感认知在其中。杨宜音研究员所呈现的讲座主要是社会心理学领域，但是哲学领域的学者也可从中学到很多东西，哲学也有相关内容的讨论，比如庄子的“吾丧我”，比如“亲人”“熟人”与“他人”的分别的伦理态度问题。在讲到差序格局的时候，也会涉及儒家关于爱的差等问题。杨宜音研究员从整体上给我们带来了比较完整的关于对“自己人”认识，并为我们展现了诸多专业的理论框架，加深了我们对“自我”的认知。

在提问交流环节，中山大学哲学系副研究员卢俊豪老师向杨宜音研究员提问：在社会发展变化中，“自我”边界可以推拉，其中也会伴随一些比较明显的以情感为特征的心理过程，比如面对他人，尤其是不被当成自己人且低自己一等的人的时候，人们会把对自己的厌恶投射到这些人身上，那么在推拉的自我发展中，伴随这一现象的同时，我们该如何去处理这些情感及这一心理过程？对此，杨宜音研究员回应道，关于“自己人”的情感，主要涉及“先赋性”和“交往性”，在此基础上可用“应有之情”和“真有之情”的错位和匹配来解释不同的人际关系。至于上下的感受，下位的人你对他的情感表达，比如“羞耻感”“厌恶感”“鄙视感”等，可能不光缘于人际距离的远近，还有上下距离的远近。关于“厌恶感”，杨宜音研究员表示其曾在文化混搭的问题上进行过讨论，文化背景不同的两个群体，会因为差异性而产生互相厌恶、鄙视的情感。此外，在婆媳关系中，她讨论了情感问题。目前还没有在“自己人”的上下结构中去看情感问题，这为之后的研究提供了一个很好的思考方向。

现场同学也就讲座内容提出了思考，杨宜音研究员也一一做了回应。有同学问：“关系”边界可以被拉动，这个拉动边界的运作机制是怎样的？在当下比较原则化的社会里，会对社会变迁视角下的模型有新的理解吗？

杨宜音研究员回应，修身、齐家等可以实现内部的升华，形成拉动边界的内部动力；整个社会的引领，比如社会规范、价值观等，要求人们把更多人的利益放在前面，形成拉动边界的外部动力，同时也还存在内外结合的一个途径，这其实是一个“小我”如何变“大我”的问题。从强关系到弱关系的时代变化中，个人的边界越来越坚实，但是中国的交往依然还是很看重关系，我们还并没有成为完全的“独立我”，虽然现代社会的变化会带来一些改变，但还没有颠覆性的改变。我们需要思考，西方强调“独立我”，而我们当下从重强关系到走向“杀熟”“断亲”“搭子”这种弱关系现象，是在往“独立我”靠近吗？“互依我”和“独立我”是社会心理学中的经典理论，这个理论认为东方人（以日本人为样本）是“互依我”，而她则认为，中国人并不是最典型的“互依我”，而是互依我的一个亚类型，也就是“关系我”，因为我们有自主而没有独立。虽然当下人的自我边界感变强了，从强关系渐变为弱关系，但它不是一个线性的、一定是从“互依我”到“独立我”的一个过程，我们可能是双维的，两方面兼有，而不是一个替代另一个。例如互联网时代出现的“搭子”关系可能反映出人们对自我边界的看法产生了一些变化，虚拟化和碎片化的自我为当下的人如何去完成自我的圆成、自我的整合，带来了心理上的挑战。

本场讲座在阵阵掌声中落下帷幕，此次讲座不仅丰富了我们的学术视野，也激发了我们对“自己人”以及相关的“自我”话题的进一步思考。

（整理：杨林舒）

"标识性概念"系列讲座第二十六讲

良　知

主讲人：吴　飞

主持人：陈少明

时　间：2025年5月19日

地　点：中山大学锡昌堂103讲学厅

吴飞　北京大学哲学系宗教学系教授，北京大学礼学研究中心主任，研究领域为比较哲学、礼学、经学、基督教哲学、宗教人类学。代表著作有《麦芒上的圣言》（2001）、《浮生取义》（2009，英文版：*Suicide and Justice*，2017）、《心灵秩序与世界历史：奥古斯丁对西方古典文明的终结》（2013）、《人伦的"解体"》（2017）、《礼以义起》（2023）等。

良知问题，是中西心性与情感哲学共同的核心问题。但西方的良知概念需要通过原罪来理解，中国的良知概念需要通过慎独来理解。结合传世文献与出土文献中的慎独概念，理解巫史传统中慎独概念的内涵与外延，将是建构性命论心性哲学的中心问题。

良知天鉴，慎独明辨

2025年5月19日上午9时，“标识性概念”系列讲座第二十六讲“良知”在中山大学广州校区南校园锡昌堂103讲学厅举办。本期讲座由北京大学哲学系吴飞教授主讲，中山大学哲学系陈少明教授主持。吴飞教授以中西哲学为经纬，围绕“良知”这一深植人类精神土壤的概念，展开了一场跨越古今、贯通东西的学术探寻。从保罗书信到阳明心学，从祭礼诚敬到个体修身，吴飞教授以“慎独”为线索，梳理了“良知”观念的流变脉络，最终将其置于天道与社会关系的浑沦整体中加以审视，为听众呈现了一幅思想的交响图景。

陈少明教授在开场白中介绍了吴飞教授的学术背景，称其研究领域横跨儒学、宗教学、经学，尤其以对自杀问题、奥古斯丁与西方文明关系的研究而著称。陈少明教授指出，吴飞教授的学术旨趣始终围绕生命与生活的意义展开，而“良知”作为中西哲学的核心命题，正是这一追问的重要切入点。他以简明扼要的介绍引领在座师生们共同进入这场思想的盛宴。

吴飞教授在讲座伊始便点明，“良知”在中西思想中皆为一个特别核心的概念。在西方，现代性的兴起，在很多方面可以说和对“良知”的重新阐释有特别密切的关系。像宗教自由，它的理由往往是诉诸freedom of conscience，即良知的自由。在中国，心学的复兴同样源于对良知问题的深切关注。他坦言，此番在中山大学哲学系讲“良知”颇感惴惴，因中大哲学系的老师们对这一命题研究深厚，所以他说自己此行既是分享，也是请教。

一、西方良知的源流：良知与原罪

吴飞教授首先追溯了西方良知概念的起源。有关于这方面的研究非常多，何怀宏的《良心论》便是其中之一，吴飞教授指出，何怀宏的书里认为“良知”的提法是从哲罗姆开始的，但是吴飞教授认为良知一词在西方最早见于保罗书信，以希腊文συνείδησις出现，后哲罗姆翻译武加大本圣经时译为拉丁文conscientia，奠定了其思想根基。奥古斯丁将其升华为“神是比自我更深的自我”，阿奎那则称，良知是神的法写在人的心中，赋予其神圣底色，他们都进一步深化了良知在哲学和宗教领域的重要性。此后，马丁·路德、黑格尔、涂尔干、弗洛伊德等思想家相继阐发，这些思想家所讲的“良知”有一个非常明显的基督教起源。

吴飞教授借此指出良知就是原罪的另一面，他援引刘小枫所讲的“罪”其实是一种欠负，它是一种心理上对于上帝的负罪感，而正是因为内心深处有上帝，所以才会有负罪感。即现实的我和我认为自己理想中的那个我之间存在着差距。“从负面来讲，它就是原罪，从正面来讲，相对于罪而言的那个心中的上帝，那就是良知，它其实是同一种心理的两面。”吴飞教授如此说道。但是吴飞教授进一步指出，在有这种良知的呈现之后，人不一定就会悔罪。有的时候正是因为人们发现这个良知是如此的崇高，以至于发现自己的罪其实大到了无法描述的情况。这便是良知的显现反而导致人们犯下更大的罪。

吴飞教授特别探讨了西方“坏的良知”这一悖论。他引用《哥林多前书》中的“他们的良知既然软弱，也就污秽了”，指出“坏的良知”虽然在中文里自相矛盾，却并非翻译的问题，而是根植于原罪与良知的双重性。良知作为上帝在人心中的呈现，与原罪构成心理的两面：面对崇高的上帝，人因罪心生悔愧，却未必悔改，甚至因罪恶深重而变本加厉。他以莎士比亚的剧作《麦克白》和《理查三世》为例，说明良知的觉醒如何在某些情境下导向更大的恶行。这种张力在1581年英国长诗《良知的冲突》中亦有生动呈现。另一方面，良知虽然是内心中的上帝，但毕竟具有很强的主观性。宗教自由中的良知自由即诉诸这一观念；但这种良知也可能是错的，自以为的内心中的上帝可能只是一种自以为是的观念，这正是坏的良知的另一重含义。这个层面的“坏的良知”，也适用于阳明后学的一些现象。

吴飞教授强调，西方良知的形而上学的保障在于上帝的存在，“西方的良知概念，它在根本上是上帝在人内心的呈现，是人心里的神，这是良知的保障”。无论是宗教自由的辩护，还是黑格尔所谓“其他人不知道这个良知在道德上究竟是善的还是恶的，或更确切地说，他们不能仅仅不知道就算了，而是必须认定良知是恶的”，皆以此为基石。然而，当现代性隐去上帝时，良知如何自处？这一疑问贯穿讲座始终，也是理解中国良知的重要参照。

二、中国良知的发端：从孟子到阳明

转向中国，吴飞教授梳理了良知概念的本土脉络。“良知”一词肇始于《孟子》“人之所不学而能者，其良能也；所不虑而知者，其良知也”，却未成为系统哲学概念。直至明代王阳明提出“致良知”，良知方被赋予核心地位。阳明和阳明后学的良知概念，很大程度是借助于慎独呈现的。阳明说“良知即是独知时，此知之外更无知”，“无声无臭独知时，此是乾坤万有基”，称良知为独知，是借助了朱子的诠释，赋予慎独以本体论意义。刘蕺山的阐释以“心体”与“性体”解良知，称“独字是虚位”，从“思虑未起，鬼神莫知”到“思虑既起，吾心独知”，揭示良知与慎独的密切关联。

吴飞教授提出疑问：若西方良知以神为保障，中国良知的哲学根基何在？他指出：“如果说西方的良知是原罪的另一面，那么中国的良知就是慎独的另一面。”因慎独不仅是阳明学的关键环节，更是中国良知观念演进的内在线索。

三、慎独的流变：从祭礼到修身

吴飞教授以“慎独”为轴，串联起先秦至汉初的文献脉络。除《大学》《中庸》《礼器》等传世文献外，近年出土文献进一步丰富了慎独的图景。马王堆帛书和郭店竹简的《五行》篇多次提到慎独：“‘鳲鸠在桑，其子七兮。淑人君子，其仪一兮。’能为一，然后能为君子，慎其独也。‘燕燕于飞，差池其羽。之子于归，远送于野。瞻望弗及，泣涕如雨。’能差池其羽，然后能至哀。君子慎其独也。”在郭店简出土之后，学界曾质疑郑玄、朱熹的解释，转向《礼器》“内心诚敬”之义；安大简公布后，又因其与《大学》《中庸》相近，重回修身论。他认为，安大简未必就更接近于孔子的本意，如果把文明的发展看成巫史传统逐渐人文化的过程，那么和祭礼、丧礼相关的应该是更早的，而比较抽象的相关观念应该是更晚的。《礼器》和《五行》中的慎独，讲的都是在祭礼和丧礼场合应有的一种态度，是比较早的含义。《礼器》强调祭礼中“礼之以少为贵者”，郑玄注为“少其牲物，致诚悫”，以简朴达内心专一；《五行》以丧礼“泣涕如雨”表至哀，皆指向礼仪中的内在专注。然后安大简、《大学》、《中庸》、《不苟》等，这些都是和个体修身相关的，慎独渐成修身之法，强调“毋自欺”“如恶恶臭，如好好色”的真诚态度。

吴飞教授特别澄清，“慎其独也”非动宾结构，而应解为“虽独犹慎”或“因独而慎”。阳明所谓“独知”，实为“虽独而知”或“因独而知”，非孤独之知，而是内省之知。

吴飞教授接下来根据这一顺序详细地论述了这些文献中关于慎独的部分，带领在座师生们讨论了君子“慎其独也”的哲学概念及其历史发展脉络，引用了朱子、曾子和荀子、《中庸》、《大学》等古代哲学家和史籍的观点，强调慎独不仅是在人所不见、不闻时的自我约束，更是在祭祀、丧礼等特定场合中对内心真实情感的表达和自我反省。吴飞教授通过分析不同哲学家对慎独的阐述，展现了慎独概念从抽象到具体的演变过程及其在不同语境下的应用。

四、良知的形而上学之基：鬼神抑或自我?

在探寻良知的哲学基础时，吴飞教授提出，若西方的良知是“上帝在人心中”，中国的良知是否为“鬼神在人心中”？他以祭礼为切入点，分析《中庸》“鬼神之为德，其盛矣乎”与《礼器》的关联，指出祭祀中“视之而弗见，听之而弗闻”的鬼神虽不可测，却激发内在诚敬。郑玄注“若有觇听之者”，似暗示鬼神监视；然而，《后汉书·杨震传》“天知，神知，我知，子知”及徐干《中论》“虽在隐蔽，鬼神不得见其隙”，表明鬼神并非全知。吴飞教授指出：“我们中国的宗教传统中的鬼神，并不具备形而上学的创世意义，所以不是全知的，并不能够进入每个人的内心深处。”

吴飞教授进一步引刘昼《刘子》：“若人不知，则鬼神知之，鬼神不知，而己知之，而云不知，是盗钟掩耳之智也。”他认为，鬼神仅为外在投射，真正的核心是“己知”，鬼神并不是最后的环节，鬼神有可能不知道人们做了什么事情，就是说人们是有可能欺骗鬼神的，但是最重要的是自己知道，即自我反省。《大学》“毋自欺”正指向此：最可怕的不是欺鬼神，而是自欺。吴飞教授借此指出：“鬼神并不是最终极的力量，最终极的力量反而是自己。”

接着他举了《管子·内业》的例子：“思之思之，又重思之，思之而不通，鬼神将通之，非鬼神之力也，精气之极也。”人们认为这是鬼神的力量，但其实最终人们不能把它诉诸鬼神，这其实是自我的精气。吴飞教授指出：“如果你对自我进行了检视，那么你自己肯定应该是最了解自己的。你在没有反思的时候，经常也是不了解自己的。但是你只要反思，那么对自己的了解，肯定是比别人甚至比鬼神对自己的了解更深刻。”《文子》“不惭于景”，《淮南子》“周公不惭乎景”，皆以影子喻自我。吴飞教授认为，影子是自我的一种投射，影子代表自己对自己的检视，不惭于影，根本上是在说无愧于己。上述文献皆强调良知源于内在，而非外力。

由此，吴飞教授提出，中国的良知非“鬼神在人心中”，而是“天道在自我中的呈现”。阳明言“良知即是未发之中，即是廓然大公，寂然不动之本体，人人之所同具者也”，视良知为天命之性，与天道相通。这一“廓然大公”区别于西方人格化的上帝，体现中国哲学的浑沦整体性。吴飞教授借《礼器》“内之为尊，外之为乐，少之为贵，多之为美”这句话指出，其实内和外并不是说因为“内尊”就不要“外”，也不是因“少之为贵”就不要“多”，而是说内在的良知会呈现为外在的影子、鬼神、他人，故“良知”这一观念会在关联当中呈现出来。

五、良知与现代性：从独知到共生

吴飞教授在讲座尾声反思良知的现代意义。他指出，阳明“独知”易被误解为孤独之知或独处之知，而实际上应为“虽独犹知”“独以见之”。独，也不是单独和孤独，而是专一和精诚，在与他人的关系中呈现。他以《祭统》“言内尽于己，而外顺于道也”和《礼器》“内之为尊，外之为乐，少之为贵，多之为美”为例，强调良知非封闭自我，而是内尽于己、外顺于道的动态平衡。天道作为浑沦整体落实于个体，又须在社会共同体中实现。天道的浑沦整体，它也体现在社会的浑沦整体。

吴飞教授指出：“自我不是先于社会存在的，社会是先于自我存在的，任何一个人的降生，它不是作为一个单子式的个体，而是说你本来就是被生在一个总体当中，生在一个共同体当中。当然这个共同体它是可大可小的，它可以只是一个家庭，它可以只是一个社区，但是它也可以达到国家和天下。但是不可能没有这个整体。”没有人的良知的呈现能够只通过自我内在的反省，良知一定是在和外在的社会关系或者更大的关系当中才能呈现出来的。西方现代性隐去上帝后，良知转为社会投射，如亚当·斯密、涂尔干、弗洛伊德的理论所示，中国则以天道贯通自然与社会，良知因之具有整全性。吴飞教授坦言，良知是否可信仍是中西共通的难题。西方“坏的良知”显露人性之恶，中国虽无此说，却有“自以为是”之虞。他以阳明后学为例，提醒听众警惕良知的误用，呼吁在经典与现实间寻求解答。

讲座结束后，陈少明教授点评称，吴飞教授以观念史视角呈现良知概念的演变，从祭礼状态下的慎独，到整全状态下的内省，将“良知”深化为现代哲学命题。这一研究不仅梳理历史，更以当代语言重构良知，颇具启发意义。陈少明教授在最后强调，在座师生可以持续关注吴飞教授的后续研究。

（整理：杨铭）

"标识性概念"系列讲座第二十七讲

面　子

主讲人：翟学伟

主持人：吴重庆

时　间：2025年6月11日

地　点：中山大学锡昌堂103讲学厅

翟学伟　南京大学社会学院教授、博士生导师；国家重大人才工程入选者（2015—2020）；现任国务院第八届学科评议组成员。

长期致力于社会学本土化研究，代表作有"中国人关系研究三部曲"（商务印书馆）——《中国人的社会信任：关系向度上的考察》、《中国人的日常权威：在中国历史中寻求模式》（即出）、《中国人的脸面观：拟剧论的本土视角》（即出）和论文集（北京大学出版社）——《人情、面子与权力的再生产》《人伦、耻感与关系向度：儒家的社会学研究》《关系、权力与"报"的运作》等。曾两次担任国家社科基金重大课题项目的首席专家。作品分别被译成英文、法文、日文及阿拉伯文等，并在新加坡、中国香港、中国台湾地区有繁体中文版发行。

中国人脸面观的研究方式及其路径取决于我们如何定义，并在定义中找到理论建构的可能。但此方面的定义一直是一个学术难题，也引发了中外文人学者的大量的探索。其中核心点之一是“脸”和“面子”内部的同质性或异质性问题。通常，拟剧论是在同一性的基础上被翻译成“face”而使用的，但在中国社会运行中，脸面的异质性才是揭示脸面内涵的关键。

通过对中国人脸面观的历史文化梳理，并借助与拟剧论的比较，一种面子理论会以更为契合的方式讲清楚中国人的心理与行为模式。

“面子”理论是一种人生观

2025年6月11日下午3时，“标识性概念”系列讲座第二十七讲“面子”在中山大学广州校区南校园锡昌堂103讲学厅举行，本期讲座由南京大学社会学院教授翟学伟主讲，中山大学人文学部副主任、哲学系教授吴重庆主持。

讲座开场，吴重庆教授谈到，他关注翟学伟教授的学术成果已20年。从15年前在《开放时代》发表的《中国人的“大公平观”及其社会运行模式》，到商务印书馆陆续推出的“中国人关系三部曲”，翟学伟教授始终聚焦中国特质和中国人的社会文化心理，做真正的中国社会学。从这个意义上来说，翟学伟教授不仅是最著名的中国社会学家，也是中国心理学家，为两大领域的研究树立了典范。重庆教授强调，在当下探索中国自主知识体系建构、推动社会文化自觉的学术语境中，“面子”这类植根于本土生活经验的概念尤为珍贵。它们在与西方社会传统中某些重要概念的比较中，呈现出了多维度的阐释空间。

一、“面子”的发现：从文化特性到学术议题

翟学伟教授在讲座中提及促成讲解“面子”概念的两点因素：一是吴重庆教授与《开放时代》编委会坚持独立立场与标准的做法与其学术理念相通，借此机会表达感谢；二是借商务印书馆重印契机，完善二十年前的研究。他自研究生阶段便立志深耕中国社会研究。但由于缺乏成熟方法论体系作为“拐杖”，学界常陷入举例子、讲故事、套用西方概念的误区。中国研究需立足本土构建专属理论体系，尽管道路艰难，但正是翟学伟教授的这种坚持推动了对“面子”概念的深入探索。

（一）早期中国“面子”问题的发现与研究

翟学伟教授首先指出标志性概念存在两种认定可能，并由此引出“面子”概念的标识性意义：其一，由国内学者基于自身研究与认知，将某一概念界定为研究中国社会的“标识性概念”；其二，概念的标识性获得国际认可，例如当与西方人士探讨如何了解中国人时，若对方凭借阅读、报道、旅游等经历，主动提及“脸面”对理解中国人的重要性，这便体现了概念在国际语境下的标识价值。所以“脸面”问题是在中西方文化的接触中被发现的，最早被当成中国民族特性，也叫中国人的特征。尽管中国人在“面子”文化中浸润千年，却因身在此中而难以察觉其特殊性，反而是外来者敏锐捕捉到这一文化特征。19世纪末明恩溥《中国人的特性》指出“脸面”现象并将其视为中国人的民族特

质后，对于脸面观的研究从此兴起。中国第一批研究者的工作主要是发现、重视和描述“面子”。民国初年，鲁迅在日留学时接触此书，深受震撼，这在一定程度上促使他弃医从文，重新思考国民性，并在《阿Q正传》等作品中深入刻画“面子”心理。林语堂试图阐释“面子”，但面临“举例子容易，下定义极难”的困境。20世纪40年代，以胡先晋为代表的第二批研究者涌现。胡先晋作为民国时期少见的女性学者，早年学习博物馆学，赴美攻读博士时转向人类学，其对中国人脸面观的研究，使其成为国内该领域研究第一人。此后，众多人类学家、哲学家、心理学家等投身“面子”研究，其中，美国社会学家戈夫曼的研究具有里程碑意义，他将“面子”研究从单纯的中国文化现象探讨，推向具有普适性的理论建构层面，极大拓展了该领域的研究价值与学术影响力。

（二）当前“面子”研究的方向

翟学伟教授总结当前“面子”研究呈现三大方向并做出评点：一是国际化的研究，主要受戈夫曼的研究影响，后发展成印象管理理论，也被吉登斯写进他的《社会学导论》，并波及传播学和语言交际研究。二是本土化研究，主要学者有金耀基、黄光国、朱瑞玲和翟学伟教授本人。三是应用语言学方面的研究，比如面子协商理论。国际化研究在微观层面趋于稳定但作用有限，本土化研究虽带来希望，却因中国学者理论建构能力不足，尚未取得理想成果，语用学研究则难以深入剖析中国人心理行为。翟学伟教授认为，中国学者在“面子”研究上单纯依赖实验、量表、情境故事或意识片段等研究方式远远不够。尽管戈夫曼等学者已在“面子”理论建构上取得成果，但中国学者不应局限于在其基础上做增补。对于源自中国的“面子”概念，中国学者更有责任和优势将研究做得更好。因此他接着抛出深刻追问：在戈夫曼完成理论建构之后，我们是否还有探索空间？能否对戈夫曼的理论发起挑战？同时他着重强调，任何挑战都需先厘清合理性根基，确保研究方法具备严谨的学术说服力。在讲座后续的阐释中，翟学伟教授正式开启对“面子”理论建构的突破性探索。

二、“面子”理论建构困境与解决路径

中国研究不能仅停留在讲述现象、经验和故事层面，而应从本土实际出发，构建专属概念与理论体系，探索契合中国社会的方法论。然而，在对“面子”进行理论建构的过程中，却面临着诸多困难。

（一）理论建构的核心困境

首先是“面子”的定义难题，这一难题的根源在于中国传统学术缺乏下定义的习惯，致使诸多概念历经千年仍无确切界定，而这也是我们今天仍去讨论它们、不断定义它们的原因。翟学伟教授提到其最近在《社会学研究》重新阐发“仁”“义”“礼”问题，认为社会学应该具备解读“仁”“义”“礼”三者各自的含义及其关系的方法，而不能将三者混淆在一起。在尝试定义“面子”时，不同研究范式产生不同结果，实证主义与现象学给出的定义差异显著。中国学界面临定义难题时，常借助西方社会学、社会心理学中相对成熟的概念，如地位、虚荣心、角色等辅助定义，但这也引发了争议。何友晖曾指出，过度用其他概念解释“面子”，反而会消解其本质，而单纯强调“面子就是面子”又无法揭示其内涵，“面子”兼具地位、光荣、名望等多重属

性，却又不能简单等同。

其次是“脸”和“面子”的分合矛盾。“面子”的定义尚未清楚，新的问题接踵而至：“脸”和“面子”的关系如何处理？“脸面”一词在语言使用中的复杂性加剧了研究难度，虽然广东话中只有“面”没有“脸”，不区分二者之概念，但在普通话及学术研究中，“脸面”存在分合两种不同解读方式。胡先晋作为国内首位系统研究脸面观的学者，明确主张“脸”与“面子”不可混谈，分开定义时需厘清二者的本质区别，这却使得这个日常生活中易被理解的概念，在学术研究层面充满挑战。中国社会生活中，“脸面”虽为大众理解的整体概念，但深入研究时，其内部逻辑差异显著，如一个人要脸却未必有面子，而有面子的人却未必要脸。这种概念分野是西方学界难以理解的，西方研究常将“脸面”统合为“face”，忽略了中国文化中二者在价值评价、社会功能上的本质差异，导致混谈时无法准确阐释本土现象。“脸”和“面子”关系分合矛盾在于：若将“脸”与“面子”混为一谈，会掩盖中国社会特有的评价逻辑；若要严格区分二者，则需构建复杂的理论框架，仅通过举例或叙事是难以完成学术化建构的。

最后是价值观与道德维度的干扰。传统定义常陷入“要脸/要面子”的框架，隐含道德评价。戈夫曼的印象管理理论同样侧重“主动维护形象”的群体，未覆盖无道德观或拒绝遵循主流道德者的脸面行为。将“脸面”定义与“要”绑定，会天然排除非道德群体的脸面观。例如江湖中“好勇斗狠”的老大、市井中“死要面子”的普通人，其脸面逻辑未必依附儒家伦理，却真实存在于社会互动中。

“面子”定义尚未明晰且困难重重，此时的道路又该如何向前？翟学伟教授先展示了实体性的转喻与道德衍生的方法。他将问题抽丝剥茧，指出中国人所使用的脸面完整组合形式是“脸面”。也就是说，要弄清楚“面子”问题，就要先说清楚“脸”这个概念。翟学伟教授首先从“脸”的生理普遍性切入，解释“脸”原本是指面孔，其含义包括非常明确的相貌识别、表情以及因一些刺激而导致的面部反应。从原始部落到文明社会，人们在面对面的交往中，都会把注意力集中在对面部特征及其表情的识别上，比如中国词语中有“面红耳赤”“羞涩”“羞愧”等。但它在中国文化中的重要性体现在其与道德相关联，进而成为儒家论证个人道德或者做人方面的基础，这恰恰是中国研究“脸”的核心突破口。

翟学伟教授以“巧舌如簧”的双重语义举例，该成语字面指语言灵巧如乐器发声，但在《诗经》“巧舌如簧，颜之厚矣”之中的语境含义为“说话动听却脸皮厚”，首次将语言能力与“脸皮”的道德评价关联，形成隐喻雏形。《诗经》对“能言善辩”的负面评价，与儒家“君子敏于行而讷于言”的主张一脉相承，体现出伦理学思想原初的、扎实的生理基础。同样，中国人将脸红等生理羞耻反应作为伦理建构的起点，认为“知羞耻”是道德自觉的基础，进而发展出以“礼”为核心的儒家伦理体系。这种将生理现象提升至文化高度的逻辑，也使得“脸”的隐喻延伸到了羞耻、自我（面具）、表演、名声等方面。此种方法的困境在于：“脸”的内涵渐趋复杂，其概念边界因多重文化赋值而日益模糊。但“面子”的含义有时有“脸”的意思，有时又没有“脸”的意思。我们不能停留于日常和方言上的混乱用法，需要通过词语研究找到它的理论潜力。理论研究还要处理耻感与面子的关系等更加复杂的问题，或者进行耻感、罪感、面具、脸面的比较。

（二）破局路径：从词语排列到脸面模型

20世纪80年代末至90年代初，翟学伟教授在面对上述困境时，受结构人类学理论影响，结合南开求学期间的学术训练，确立了以“词语排列”为核心的研究路径。他意识到，唯有通过系统梳理日常语言中的“脸面”表述，才能突破西方理论的适配性瓶颈。这一方法的核心在于：将“脸面”同类词汇、“面子”短语进行语义差序排列，通过本土语境中的语用差异揭示概念本质。

在具体操作中，翟学伟教授首先对“脸”的词汇系统展开穷尽式收集，发现“面目”“颜面”“脸皮”等近义词在“有何脸见江东父老”“厚颜无耻”等表述中可互换使用；而“丢脸”“露脸”“有头有脸”等短语则共同指向“形象塑造的成败”这一核心维度。翟教授对“面子”短语的排列更具启示性：“捧场”“给台阶下”等非直接含“面子”的表达，实则承载着“关系中的心理地位调整”功能。通过对比“争脸/争面子”“丢脸/丢面子”的语义重合与“不要脸/不要面子”的本质差异（前者指向人格否定，后者仅涉及关系博弈），他发现“脸”与“面子”既非完全割裂亦非等同，而是呈现为“形象展示—社会互动—心理地位确立”的连续统一关系。个体以“脸”的形象展示（如人格特征外显）进行社会互动，互动的对象根据展示的情况会形成看法、判定，即“心理地位”。也就是说，在这个过程中一个人通过“脸”得到了自己的“面子”，“脸”是形象塑造的载体，“面子”是互动生成的心理地位，二者构成从个体表现到关系评价的动态过程。此模型突破了胡先晋等学者对“脸”与“面子”的二元对立认知，将其重构为具有时间先后顺序的连续统。在这一连续统中可清晰发现，从学术维度考察“脸”，其本质更贴近人格层面。换言之，谈论“脸”实则是在探讨人格塑造的成败。而“面子”的核心则指向关系互动，当我们评判一个人“要不要脸”“露不露脸”“有头有脸”时，关注的是个体形象塑造的具体表现；而讨论“面子有无”或“面子”状况时，本质上是在衡量其在社会关系网络中的地位动态。

三、与拟剧论的比较及本土化模型的生成

然而，戈夫曼的“自我呈现”理论同样将社会互动视为“自我—面具—表演”的过程，该理论模型面临与戈夫曼拟剧论雷同的挑战。翟学伟教授对此回应：脸面观中的连续统一性与戈夫曼拟剧论存在表面相似性，但其本质差异源于翻译对文化复杂性的消解。戈夫曼理论的统一性实则是将中国“脸面”概念简化翻译为英文“face”的结果。当“脸”与“面子”被统一纳入“face”范畴时，已然损失掉中国社会文化的复杂性。

此时，我们必须回头想一想，在中国的用词中，脸面是否真的统一？翟学伟教授通过引入“关系”，分析“人情、等级、权力”三方面对“脸面”统一性的影响：第一，人情起的作用，即两个人关系亲密程度对脸面的影响，讲演评分中，人情关系会导致“生人评分”与“熟人捧场”的双重标准；第二，等级起的作用，即关系不对等对脸面的影响，师生、长幼间的等级差异使脸面评价掺入身份因素；第三，权力起的作用，即权威作用对脸面

的影响，权威未展示“脸”（如演讲内容）时，掌声已因权力和地位而响起，形成“先面子后脸”的逻辑翻转。这启示着我们：中国社会运行是把起点建立在关系而不是个体人格上的，而据前分析所知，面子接近关系，脸接近个人，所以中国社会运行先考虑的是面子问题。拟剧论虽揭示了互动的普遍性逻辑，但忽视了中国社会“关系本位”的特殊性。西方理论以“个人主义自我”为起点，而中国“脸面”的运行常以先天关系网络（血缘、地缘）为前提。

翟学伟教授澄清，与戈夫曼拟剧论的对比并非意在与其完全对立。他承认，中国人的脸面观开始也有自我的部分，这个过程与“日常生活中的自我呈现”过程高度重合，或者说，是拟剧论所能覆盖到的。这种重叠性使拟剧论成为理解中国脸面观的重要理论参照，也解释了为何该理论能被中国学界广泛接纳。但在个人主义立场上，戈夫曼力图要说明的是，在一种表演的框架中，一个表演者的控制力在于他既可以操控自己的表演，也能促使其剧班予以配合，并与观众保持理想的距离，从而获得表演的成功。脸面在中国社会中的运作有两种方式，一种是从脸开始的，也是拟剧论能解释的，另一种则是“关系本位”的。

总的来说，中国人脸面观与拟剧论有三重维度的不同。一是互动起点上，个人主义中即便存在天然关系，个体仍以“独立自我”为互动基础，如子女与父母的互动仍强调个人主体性；而在中国关系本位中，当一个人的成长源自其天然关系（血缘、亲情）时，他的这类关系应优于自我。在此，个人虽同样具备自我意识，但他不应将自己从周围人群中独立出来，而应更多地融入其中，同时也在他人的压迫或安排下自我成长。对“我是谁的孩子，谁是自己可依赖之人，谁是自己的靠山，谁是自己的贵人，谁是自己要投靠的人”等关系的思考多于对自我的关心。中国人的人生选择（升学、就业、婚姻）常受关系网络影响，个人主义成分被关系逻辑稀释。二是观众角色与演员的关系上，拟剧论认为观众是独立的评价者，与演员形成明确的“表演—观看”二元关系，在认同方面分“我们”和“你们”，属于“我演，你看”；而在中国面子理论中，观众与演员构成“你中有我，我中有你”的互动共同体。当观众成为表演的一部分后，演员与观众之间就成了配合性的表演，是关系意义上的里应外合。三是在表演的视角上，拟剧论奉行的表演理念是一种入世的视角，即在社会中生活便是要努力“自我实现”，但这只是社会学家自己的事情，是社会学看生活的一种角度，不涉及百姓自身；而中国面子观提供的表演其实采用的是一种出世（超脱、看破）的视角，即社会生活本来就是一场戏。其已然内化为全民共享的“人生观”，“人生如戏”的处世哲学无须理论灌输，便渗透于人情往来、权力互动等生活实践中。

翟学伟教授由此进一步提炼了中国“人生如戏”的三阶段：

初级阶段以儒家伦理为根基。“脸”作为人格外显的道德载体，个体通过遵循“德高望重”等规范塑造“有脸”形象，借道德自律参与社会互动，社会学的互动论与拟剧论即此入门阶段。但此阶段存在内在矛盾：“知耻”的道德约束，同时为中级阶段的“面子”博弈埋下隐患——当“脸”成为面子竞争的工具时，道德底线可能被突破。

中级阶段为关系本位的面子博弈。儒家规范失效，面子运行遵循“关系网络中的心理地位竞争”的逻辑：个体追求在地位、权力、财富等方面超越他人，甚至通过“假装超越”维护面子，形成群体性“面子涌现性”竞争。但面子资源的多元性（道德/权力/财富）导致竞争标准模糊，“过度张扬”易遭抵制，如“公然宣称有面子”反被“不给面子”。竞争从道德层面转向权力操控，衍生出攀比、暗算等“混社会”的生存智慧。

终极阶段体现为道佛思想的超脱消解。道家与佛家以“烟柳繁华终成空”的视角，为脸面竞争提供终极消解。无论权力大小、财富多寡、竞争胜负，一切皆被视为过眼云烟。这种超脱解构了面子竞争的永恒意义，形成“争面子—破面子—空面子”的闭环逻辑，为过度内卷的脸面游戏提供精神出口。

四、交流互动

讲座结束后，吴重庆教授首先总结了翟学伟教授讲座内容对“标识性概念”的研究启示，强调研究需选取含义复杂、能切入中国社会运行逻辑的概念（如“面子”），并需具备理论建构的雄心和目标，否则很难和中国自主知识体系发生关联，要在利用西方理论的基础上实现超越。同时，指出“找回自我”的现代口号的局限性，中国的年轻人在关系社会中不能全然抛开关系，否则自我难以建立，要建立二者相向而行的思考与实践方式。最后，吴教授提出问题：中国民俗中存在“开面”传统，即通过绳子去除面部绒毛与胎毛。日本社会学家中根千枝在《未开的脸和文明的脸》中提出，“未开的脸”的部落生活是要破除“未开”与“已开”界限。尽管日常生活语词中可能没有“开脸”“开面”等表述，但值得探讨的是：是否存在某个象征性的“开脸/开面时刻”，其本质并非物理层面的面部修饰，而是标志着文明化进程的启动？当人们在社会互动中运用“脸面”概念时，是否已构成一种文化意义上的“开脸/开面”？翟学伟教授回应：这个话题相对于今天的主题有了一些转化，几乎所有的人类部落都在脸上面下自己的功夫，包括鼻孔、耳垂等等，中国民俗中也如此。但今天的讲座没有讲到面部装饰、脸谱等，是因为其隐喻方向引向了另一条道路，涉及中国人的心理行为、交往方式中其他需要考虑的问题。

南京大学政府管理学院郭忠华教授提出三个疑问：其一，是否可以采用“家族相似性”定义法，通过界定“面子不是什么”来划清边界，而非强求明确界定？其二，戈夫曼理论已打通“个体—结构”的互动逻辑，而中国面子运行同样体现“关系结构与个体表演”的相互作用，若引入历时角度，二者的对立是否不那么明显？其三，以“面子”为切入点分析中国社会结构，具备发展为可与西方社会学对话的理论基础，以此为起点延伸至社会形态与社会心理分析，是否同样应致力于构建具有对话能力的理论体系？翟学伟教授依次回应：对于第一个问题，面子定义的理论困境上，西方逻辑实证主义要求明确界定，但“面子”作为中国文化中的隐喻概念，难以用“否定式定义”触及本质，这体现了中西方思维差异。对于第二个问题，戈夫曼理论存在适用性局限，拟剧论虽覆盖个体“自我呈现”，但无法解释中国“关系本位”下的面子逻辑，需用本土理论补充。对于第三个问题，西方社会学诸多学者尝试融合“行动”与“结构”，但其本人研究的内在要求在于把拟剧论解释中国社会时在微观社会层面上没有说清楚的那一部分说清楚，至于行动和结构的关系，则不是在“面子”研究里面所要找寻的。中国社会通过科举等制度形成“结构压力”，强制吸纳个体行动，区别于西方微观到宏观的搭建困境，强调结构先在性对行动的塑造。总之，研究中国十分不易，需兼顾概念隐喻性与文化异质性，长期深耕本土经验与跨文化对话。

中山大学人文学部主任、哲学系教授陈少明表示，翟学伟教授的讲座区别于其他先给出观点再论证的方法，展示了一步步推动研究的过程，十分精彩。同时谈及了哲学视域下面子问题的三重维度。其一，伦理学层面，儒家羞耻感依赖外部评价，个体做不仁义行为时，羞耻感缘于“被外界知晓”，单纯自我知晓未必引发强烈羞耻。“面子”既可能因“丢脸”产生负面评价，也可能因“保全面子”促使个体承担责任。其二，现象学层面，脸是自我认同的身体锚点（如“脸即我”），但现象学尚未彻底解析中国文化中脸与人格的独特关联。其三，定义方法论层面，西方定义模式追求几何学式的精确界定，中国概念以“仁义”“善”为代表，属“家族相似性”概念，无法通过单一标准定义（如《伦理学原理》论证“善不可定义”）。面子同理，其隐喻性导致定义需通过“不是什么”划边界，而非正面界定。翟学伟教授回应：不同学科对同一问题的审视存在差异化视野。他写作时曾思考过另外一些面子与“耻感”的问题：为什么日本可以用耻感文化，此概念拿到中国来却行不通？日本人重耻感，是否讲面子？这些问题还是需要通过跨文化比较分析，从社会文化中寻找答案，从小问题延伸到更多问题。

有老师提问：年轻人在网络中发展出“搭子文化”，追求功能性关系，不再强调人情面子和“会做人”，这是否意味着“面子”在年轻一代中弱化？模型是否需要调整？翟教授回应：社会学对互联网时代的研究准备不足。网络空间中，传统的等级、权威难以体现，社会资本研究中，网络只剩结构洞或强弱关系连接时，“面子”在网络中依赖点击量、获赞数等新指标，与现实脱钩。年轻人因现实社会权威压制，更倾向在网络中寻找无权威的空间。

有同学提问：“面子”和“人情”在网络环境中会发生何种变化？当人们在网络与现实社会之间切换时，“面子”又会呈现怎样的转变？翟学伟教授回应：虚实社会的观察主体分属不同社会圈，脱离原圈后脸面评价因失去期待环境而失效，虚拟社会中身份权威因匿名性或评价标准（点击量取代声望）变化被消解，致线上权威可能被打破。线上线下融合扩大社会圈，却让脸面评价体系变复杂，网络传播广泛性使“丢脸”的影响突破地域，负面效应随社会圈扩大而剧增，同一行为在不同圈层可能评价相反，且网络无边界性让丢脸问题更严重。

翟学伟教授在讲座中展现的一步步“发现问题—解决问题”的扎实研究，堪称本土化理论建构的最佳示范。他对“面子”的深刻剖析，最终直指中国社会“关系本位”的核心。这场“脸面连续剧”的舞台、规则与观众，皆由“关系”塑造。因此，理解了“面子”，也就进入了中国关系社会的入口，中国人的文化心理图景皆于此展开。

（整理：李可欣）

“标识性概念”系列讲座第二十八讲

天 理

主讲人：杨立华
主持人：陈少明
时　间：2025年6月14日
地　点：中山大学锡昌堂103讲学厅

杨立华　北京大学哲学系教授、博士生导师，北京大学人文社会科学研究院院长，北京大学研究生院副院长。主要研究领域是中国哲学史、儒学、道家与道教，近年来主要着力于宋明哲学及魏晋哲学的研究。

出版专著《思诚与见独之间：中国哲学论集》（北京大学出版社，2022年）、《庄子哲学研究》（北京大学出版社，2020年）、《中国哲学十五讲》（北京大学出版社，2019年）、《一本与生生：理一元论纲要》（生活·读书·新知三联书店，2018年3月）、《宋明理学十五讲》（北京大学出版社，2015年）、《中国儒学史：宋元卷》（北京大学出版社，2011年）、《郭象〈庄子注〉研究》（北京大学出版社，2010年）、《气本与神化：张载哲学述论》（北京大学出版社，2008年）和《匿名的拼接：内丹观念下道教长生技术的开展》（北京大学出版社，

2002年）。

出版译著《帝国的话语政治》（生活·读书·新知三联书店，2014年）、《王弼〈老子注〉研究》（江苏人民出版社，2009年）、《章学诚的生平与思想》（江苏人民出版社，2007年）、《宋代思想史论》（社会科学文献出版社，2003年）、《近代中国之种族观念》（江苏人民出版社，1999年）等，发表学术论文四十余篇。2011年被评为“北京大学十佳教师”。2017年入选首届“北京市青年教学名师”。

本讲座试图探讨中国哲学核心概念“天理”的内涵与演变，强调“天理”作为标识性概念，具有确定性与统摄性，贯穿古今汉语思想。旨在考察魏晋玄学对“理”的奠基，及两宋道学（理学）对“天理”概念的关键性再赋义，赋予其本体论与道德法则的双重意义；揭示“天理”包含“所以然”（必然规律）与“所当然”（应然规范），二者在宋明理学中达成统一（“不容已”与“必然”的统一）；探讨“理生气”与“理必有气”蕴含的理气关系等根本问题，及“理一分殊”的现代表述。最终呈现“天理”作为理解中国思想传统的关键枢纽及其进行现代转化的可能性。

朗照古今的“天理”

6月14日下午4时，“标识性概念”系列讲座第二十八讲“天理”在中山大学广州校区南校园锡昌堂103讲学厅举行。本期讲座由北京大学哲学系杨立华教授主讲，中山大学人文学部主任、哲学系陈少明教授主持。

讲座开始之前，陈少明教授对杨立华教授作了简要介绍，称其在庄子哲学、魏晋玄学、宋明理学等领域潜精研思多年，为当下中国哲学的创作与发展贡献了重要力量。陈少明教授表示，标识性概念既包括从日常生活中提取的概念，也包括经过哲学家阐述、制作，从而进入日常生活，形成广泛影响的概念，而本次讲座所要谈论的“天理”正属此类。相信通过杨立华教授的讲述，在座师生能于“天理”之奥蕴有更深刻的体认。

一、“天理”之为概念的标识性

“凡是可称为概念的，必须要有确定性，有确定的内涵。文明中的核心概念，必须要对经验具有统摄力。”杨立华老师在讲座一开始，便清晰给出了自己对于“概念”的独特见解，他认为核心概念的统摄力正体现在它可以实现差异杂多下的统一，但与此同时，这种一致性又不会消除差异性本身。受20世纪60年代法国思想的影响，当今世界文明的发展，呈现出去实体化、去整体化的倾向，我们在解构的道路上越走越远，以至于过分突出经验的重要性。但只要稍加反思便可发现，如果抛弃了概念的确定性，经验的丰富性又如何能产生有效的思想结构？更为重要的是，所有看似解构的方式，其本质仍是一种结构，当你自以为破除了一个强有力的概念时，一个新的强有力的概念已悄然出现。

杨立华老师认为，在现代社会，重构概念系统已然成为必须之事，而寻找中华文明中的标识性概念正是其中的关键一步。但究竟何种概念可以被称为标识性概念？杨老师给出了他的界定：

第一，要有中国古典渊源，使我们的思考能够接续中国固有思想的脉络；第二，要有当代鲜活的使用，亦即在当代社会生活中仍然具备统摄力。

由此反观“天理”这一概念，“理”或“天理”在古今的语境中具有连续性，“理”最初指向的是文理，而它作为动词又具有治理的内涵。《说文》云：“理，治玉也。”即打磨玉器，使其呈现出内在之文理，故其动、名二义，实在交融。若进一步细窥古今对于“理”字的使用，便可发现一如管理、治理、经理、打理一类语词，其中“理”的意涵在古今大体一致；人们在日常生活中常挂嘴边的“道理”二字，亦深刻透显出一个事实，即“理”至今遍布于我们所有的思想和感受之中，不容忽视。

二、从“理”到“天理”的思想嬗变

阐明了“天理”这一概念的贯通性后，杨立华老师详细梳理了“天理”这一概念逐步具备统摄力的过程。“天理”最早出现于《庄子·养生主》，即庖丁解牛中所谓“依乎天理”，但这里的“天理”主要指自然结构，与后世用法并不相同。杨立华老师指出，两宋道学“天理”概念的直接来源是《礼记·乐记》（“人化物也者，灭天理而穷人欲者也”），其天理、人欲对置的思路亦由此打开。而宋明理学之所以要提出“天理”的概念，最直接的原因是与佛老，尤其是佛教思想对峙。儒家批判佛老的风气自韩愈始，然而韩愈对于佛教的批判，主要聚焦于政治、经济问题，对其“价值”的思考并不充分，由此生发的攻击佛老之策略，亦不过是一种依托强制力的摧毁（“人其人，火其书，庐其居”）。

但是，“思想问题不能只依靠强制手段，我们终须以道理对峙道理”。杨立华老师如是说。所以当历史的车轮行至北宋，新的儒学复兴，儒统并起，尝试以各自的思路重立儒学价值。值得注意的是，北宋道学在彼时实际处于弱势地位，相较于王安石、司马光、三苏一众人杰，北宋五子（周敦颐、邵雍、张载、程颢、程颐）的影响并不似如今看来这般广大。然而有趣的是，到了两宋交际之时，几乎所有的儒学脉络均归本于五子之学，原本势弱的道学逐步成为正统。个中原因一言以蔽之：北宋道学真正理解了时代的问题，承担了时代责任——为儒家之价值确立哲学基础。唯其如此，才可真正有效地对抗佛老。

具体而言，佛教的核心问题是解脱，认为一切的苦都来源于执着，故要消去执着，而破执着之首要，又在破执着的主体（我执），进而破执着的客体（法执），由此形成世界为“虚幻”的认识，一切实有的本质为空。而北宋道学的关键努力在于，彼时要论证宇宙人生之实有，以对抗佛老之虚无。北宋道学多以太极为实体，所有事物均以实体为根基。周敦颐在《太极图说》中指出，阴阳既分以后，太极寓于阴阳之中，所以朱子在解释太极与阴阳关系时表示，太极“不离于阴阳”，“不杂于阴阳”，二者不一不二，既不割裂，亦不可混同，也即对立的两体和普遍的本一。而对于这个“一”，周敦颐将其称之为“诚”，张载则说这是“神”，而程子说这是“理”。这三者的区别在于，“诚”虽然凸显出了实有，但少了鼓动、发动之义；“神”固然有充足的鼓动、发动义，却又弱化了实有义；唯有一个“理”字，既有文理之实有，又有“使文理显现”的动词义（发动义），故可即实有即发动。杨立华老师表示，二程点出“天理”，又经朱子发扬，终成为中国乃至东亚恒久的精神基础。

三、所以然与所当然

天理之跃升，至此已有了清晰的轮廓，然而天理之内涵又究竟该作何解？朱子在《四书或问》中说，万事万物“莫不有以见其所当然而不容已，与其所以然而不可易者”，杨立华老师认为，这可看作对天理的界定。自程子以“所以”强调性地区分形上、形下，“所以”和“所以然”就成为天理概念的基本内涵。但“所以”在朱子哲学话语中的使用仍显含糊，“所以然”更多地指向道德行为背后的根据。“所以然”既然是知的内容，其中虽然包含对天理的认识，但天理并不依赖于人的认知，所以不能说天理就是万物的“所以然”。不过“所以然”有时也被表达为“所以当然”，故可从“当然”出发探索天理义涵。

杨立华老师表示，“所当然”所讨论的其实是“应然”，而“应然”便是一个价值选择的问题。但朱子又强调这种应然是“不容已”的，“不容已”大体有两种含义：一是不可抗拒的必然性；二为义所当行的不得不为。由此产生的问题是，“所当然”与不可抗拒的必然性之间，亦即应然与必然之间如何才能统一？

杨立华老师指出，在当今的语境之中，必然和应然是对立的，然而在道学的思路中，天理的内涵恰是必然和应然的统一，因为此处所谈论的“必然”，并非在经验世界谈论，而是在主体决定性的自主层面讨论。简言之，经验世界的规律性关联并不具备普遍必然性，一切只能归属于或然，没有人可以做到想做什么便必然做到什么，但人只要决定不做什么，便一定可以不做。所以大写的人格实为一大写的“不”字，如孟子所言“富贵不能淫，贫贱不能移，威武不能屈”。因此，只有在绝对道德主体自主的层面，我们方可以通过否定义建立必然，从而实现必然与应然的统一。

四、“理”与“一”的关系

基于对“所当然”的分析，杨立华老师认为，必然与应然的统一指向的是一个普遍的、绝对的、无限的理体或实体。但此绝对的、形上的实体又如何转化出形下的世界？这便需要从理气的关系层面进行理解。在朱子思想中，理是天地生生不已的根本，由此便自然产生了“理生气”这样一种理论表达。然而细察朱子文本，类似“理生气”的表达统共不过两三次，更符合朱子思想的表达实为“理必有气”。换言之，天下并无“孤露”之理，理呈现出分别的趋向。但趋向终归是趋向，作为真正意义上形上的理，其实际内涵只是一而已。

对于“理即是一”这一结论，杨老师给出了自己的论证，首先，理作为一切事物的根源、根据，必定是普遍者；普遍者必定是无限者，否则便意味着有物在其之外，构成对理的限制；普遍者、无限者必是绝对者，所以理体作为普遍者、无限者、绝对者只能是“一”。而此所谓“一”，又可从所有事物的自我维持中得到理解，即一切存有都倾向于自持，具有自同一倾向。牛顿第一定律指出，当一事物静止或做匀速直线运动时，如果没有外力施加，它将永远保持静止或匀速直线运动。这正意味着一切事物都倾向于维持自身的现有状态，事物的惯性实际上就是一种自同一倾向，世间万物均不可避免。

如果再将视野放置整个大化流行之中，观照世界宇宙的整体，我们又可发现，不变的只有恒常变化。但是一旦恒常变化是不变的，便依然透露出“维持”的意味，因为维持恒常变化，就是在维持同一。但是杨立华老师强调，由于宇宙万物处于永恒变化之中，生生不息，故一切所谓“维持”终将无法维持，而自同一也便只能是一种倾向。

最后，杨立华老师简明扼要地为讲座做了总结。他表示，在当代中国哲学中，“理”仍然是最具思想和统摄潜能的基本概念，而欲使此潜能再次成为现实，还需要无数哲学工作者充分释放其内在的义理空间，并不断地对其再赋义。

五、交流互动

讲座结束后，陈少明教授分享了自己听讲座的感受，他认为通过杨立华教授的讲述，我们更可确信，作为一个具有哲学意义的标识性概念，“天理”二字一字不可轻动，无可替代，因为其不仅承载了历史的厚重，更是广泛而深入地影响了我们的思想。试想，如果“理”字从世间消失，那我们亦将随之失去思考的能力。

接续着陈少明老师的总结发言，在场师生也一一向杨立华老师提出了自己的问题。其一，天理是否包含公理这个概念，从天理世界观到公理世界观的转化又如何影响中国哲学？其二，《道德经》中言“道乃久，没身不殆”，那为何不言道理，而言天理？其三，如今的人工智能大语言模型已经可以对很多数据进行充分且有效的分析，这样一种模型和天理之间又有怎样的关系？其四，黑格尔认为基督教思想中蕴含了个体性的概念，那么从朱子“理”的概念中是否能打开追求个人自由的视域？其五，宋明理学中的“天理”和孔子所言“天命”之间又有着怎样的关联？

对于老师同学们的问题，杨立华教授给出了他的回应与总结。针对第一个问题，他认为天理本身就含摄着公理的可能性，虽然我们不能说天理必然产生或演化出公理，但天理的普遍性，已然说明了其含摄公理的可能性。

而对于第二个问题，杨立华老师表示，天理和道理实际基于不同的经典传统，天理的文本来源是《礼记》，不能轻易忽视不同传统之间的差异。

至于人工智能，杨老师表示，当下人工智能发展迅速，我们对于其能力边界的掌控也越加不稳定，目前极端的说法是人工智能可能会成为具有独立意识的智能体，对此我们也无从断其正误，只可从当下直面之现实考量，人工智能暂且还只是工具，所以人类目前所要思考的，仍然是如何正确使用这个工具。

谈及第四个问题，杨立华老师表示，文明差异之关键，正在于以不同眼光看待世界。西方文明有上帝，故其追求在彼岸，由此岸玄想彼岸，便生出诸多假设。而中华文明中少有创世神，所以格外重视“实”，并无过多假设，这是中西文明根本上的不同。由此反观所谓个体的问题，须知儒家也讲个体，甚至最讲自我。陆九渊言“收拾精神，自作主宰”便可作一明证。只不过儒家的个体、自我总是在与他者的关系之中，所以儒家的个体是承担意义上的个体，而不是摆脱意义上的个体，个体性并非现成，而是需要成就。在我们的文明中，一个没有一以贯之的精神旨趣的人，如何能侈谈个性？故而中国所谓自由，或可改作由自，即自作主宰，方可谓之自由。

最后，对于天理与天命的关系问题，杨立华老师认为，就程朱的思想来看，天命、天理本自一贯，但又不可判作同一。因为天命之为天命，正在于不可选择。故从禀受、被赋予、不得不的角度而言，就是所谓天命；从我禀受为自己本性的角度而论，便是我内涵的天理……

（整理：何擎宇）

“标识性概念”系列讲座第二十九讲

亲　亲

主讲人：朱　刚
主持人：陈少明
时　间：2025年9月23日
地　点：中山大学锡昌堂103讲学厅

朱刚　中山大学哲学系教授，博士生导师。研究方向涵盖现代德国哲学、现象学、法国哲学、当代欧陆哲学及伦理学，以德国哲学、法国哲学和现象学为主要研究领域。

出版《本原与延异：德里达对传统形而上学的解构》《开端与未来——从现象学到解构》《多元与无端：列维纳斯对西方哲学中一元开端论的解构》等专著，译有德里达《论精神——海德格尔与问题》、列维纳斯《总体与无限：论外在性》。

主持国家社科基金重大项目“《列维纳斯文集》翻译与研究”及重点项目“法国现象学中的激进主义研究”，参与国家社科基金重大项目“《胡塞尔文集》中译”。2023年获评“国家万人计划哲学社会科学领军人才”，担任中国现代外国哲学学会理事。

亲人之间相亲相爱式的相与共在构成人的基本生活经

验和原初存在方式。传统儒家思想将这种生活经验和存在方式凝练为“亲亲”，并将其视为人与仁之根本所在。由是，“亲亲”成为中国传统文化和思想的“标识性概念”。

本讲座将围绕下述四个问题对“亲亲”这一“标识性概念”展开逐层分析：首先，“亲亲”是什么？我们将通过对“亲亲”的现象学还原回答这一问题。其次，孔子曾有言“仁者人也，亲亲为大”，然而“亲亲”何以“为大”？我们将通过对“亲亲”的存在论—生存论阐释回答这一问题。第三，“亲亲”是亲人之间的相与共在，这种共在包含哪些结构环节？其相互关联又如何？我们将以胡塞尔的时间现象学和列维纳斯的亲子关系现象学为参照，对“亲亲”的内部结构环节及其相互关联进行现象学的分析与描述。第四，在当今时代，“亲亲”经历了或即将会经历哪些变异？“亲亲”还是否可能？甚至是否必要？我们将结合当代人类的一些基本生活经验和未来可能尝试对此予以回答。

亲亲为大

9月23日下午3时，“标识性概念”系列讲座第二十九讲“亲亲”，在中山大学广州校区南校园锡昌堂103讲学厅举行，本期讲座由中山大学哲学系朱刚教授主讲，中山大学人文学部主任、哲学系陈少明教授主持。

讲座开始之前，陈少明教授谈到，在儒家思想传统中，“仁”是一个深入肌理、足以标举儒家特色的概念，而细究

“仁”的内涵，便会发现它与“亲亲”二字紧密相连。作为国内现象学领域的专家，朱刚教授将以现象学的方法，为传统哲学问题开辟新的阐释视域，引领大家重拾“亲亲”的本真内涵。

一、“亲亲”是什么：对亲亲的现象学还原

“人之为人，原本就在亲亲之中构成，并终身生活在以亲子共在为核心的‘亲亲’之中。”讲座一开始，朱刚老师便将“亲亲”之于人的重要意义不加修饰地点透。但是“亲亲”究竟意味着什么，我们应该如何理解它？这需要先回溯“亲”字的原本含义。“亲”原写作“親”，《说文解字》解曰：“親，至也。从見，亲声。”段玉裁注曰：“至部曰：到者，至也。到其地曰至。”由此可知，“亲”的原意为“至”或“到”，而且这层意思又来自“见”。《说文解字》将“见”解释为“视”，而段玉裁则在注中指出，“见”与“视”虽可在宽泛的意义上混同为一，但若析言之，则“见”又不仅是“视”。相较于“视”，“见”多了一层“至”的意味，即意识“到达”对象那里，并直接地拥有对象或事物。也正因如此，当“親”“从見”并在此意义上意味着“至”时，其中所传达的原本经验就是意识“亲自”到达事物那里并原本地、直接地拥有事物，这正是现象学意义上的“明见性”。

然而，原意为“至”的亲又如何能转变为“亲人”意义上的亲？尤其是被用来指称父母？段玉裁认为：“至部曰：到者，至也。到其地曰至。情意恳到曰至。父母者，情之最至者也。故谓之亲。”也就是说，当子女把“父母”称为“亲”时，父母乃是子女之情意所最初恳到者、最至者。换言之，父母作为双亲，是

子女之情意意向性的构造成就。反之亦然，唯当父母之爱意不可遏制地、充沛地悬到于子女，子女才被意向性地构造为父母那里的至亲者。

至此，“亲亲”之义也便“不可遏制地”涌现出来。《中庸》言：“仁者人也，亲亲为大。”对此孔颖达解释说：“言行仁之法，在于亲偶。欲亲偶疏人，先亲己亲，然后比亲及疏，故云‘亲亲为大’。”可见在儒家经典中，“亲亲”首先被理解为动宾结构，前一个“亲”为动词，表示亲近、亲爱；后一个“亲”则是名词，指亲人。但实际上，“亲亲”不仅可以理解为“亲己亲”“亲其亲”，还可以理解为动词“亲”的迭用，即“亲而又亲”。

朱刚老师指出，对这种动词迭用的理解其实内在地包含了动宾结构式的理解，因为每一个作动词理解的“亲”本身就已是对“亲人”的亲；反之，亲人作为亲之“所亲”，原本就以亲之意向对象的方式归属于作为意向行为的亲。而这种理解更深层次的意义在于，“亲亲”之重复不已本身即具有一种发生性的构造意义：正是在亲亲的重复不已中，一种可以甚至要求溢出、超越自然血亲界限的能爱或爱的能力、爱的心性随之发生并积淀下来，故“亲亲”之重复本身即具有存在论的意义。要想充分揭示这一点，还需要对亲亲进行现象学还原。

对于“亲亲”有两种常见的理解：一种将亲亲视为一种以自然血亲关系为基础的生物性本能；另一种则将其视为后天形成的伦理规范。二者均不足以道破亲亲之本质。从现象学角度来说，亲亲是人最原初的存在方式。亲亲不是人的“什么”，而是人原初的“是”——原初的存在方式。人的存在既不是物的现成存在，也不是用具的上手存在，而是“去存在”，并在去存在中构成自身。由此便可揭示出亲亲的现象学本质，即亲亲是亲人之间情意悬到性的相与共在，一种相互构成的共同存在。换言之，“亲亲”既是我们首要的存在方式和原初的实际生活经验，同时也是我们存在于其中并从根本上构成我们的原初境域。

二、亲亲何以为大：对亲亲的生存论和发生现象学的阐释

“亲亲”之义已然分明，然“亲亲”又何以为“仁”之大者？朱刚老师从两个层面展开了对这一问题的回应。

第一，就亲亲与人之关系而言，亲亲构成人之所以为人的原因。人之原初存在方式在亲亲，人的本质也在亲亲。亲亲作为人之原初存在方式积淀为心性，塑造着我们面对世界和他人的基本情调与基本方式，从根本上影响（但不是决定）着我们一生如何在世界中存在。

第二，就亲亲与仁之关系而言，亲亲构成仁之原型与发生性本原。一般而言，对于亲亲与仁之关系有两种理解模式：其一为体用说，即以仁为本、为体，以亲亲（孝、慈、悌等）为用；其二为普遍/特殊说，即以仁为普遍之爱或爱之理，以亲亲（孝、悌、慈等）为特殊之爱，甚至偏私之爱。但这两种理解模式，都无可避免地矮化了亲亲，使其不得为本、为大。实际上，亲亲不仅是仁体之发用，对于每个人而言，它更是首先被给予的仁，是我们最初体验到的仁爱。即便儒家以天地之仁为亲亲之爱的形上本原，但对于人而言，首先被给予的仁只能是作为“亲亲”的仁。从发生现象学来看，亲亲之爱会作为习性，在自我的心性中积淀，成为对新的主动性而言的被动的在先被给予性，并因而成

为仁爱在心性中的发生性源头。

张祥龙老师曾说，儒家最强调亲亲，也就是以代际之间的亲子之爱为核心的亲爱情感和孝悌意识。由亲子之源流溢出的亲戚、同胞、同类之光像星光、月光，它让陌生人、他人变得有来头。也就是说亲亲之爱从亲人流溢到他人，我们将陌生人转化为“亲人”，亲亲之爱也随之扩展到仁爱。

三、亲亲如何：对亲亲之内部结构、环节及其关联的现象学描述

梳理完亲亲的内涵及价值，朱刚老师又深入到“亲亲”内部，探讨其结构环节。他表示，亲亲是人首要的生存方式和原初的实际生活经验，每个人首先都是通过母亲的怀胎孕育这一最原本的“亲亲”活动而存在的。在这一原初的亲亲时间境域中，一开始并没有作为独立个体的亲与子，而只有作为统一的“亲子体”，人后续通过父母的亲养亲育等一系列后起的“亲亲”活动，才逐渐获得自身、构成自身。而这样一种“亲子相依共在”的情形，本身正是一种时间性，一种亲亲时间。这种亲亲时间不仅包含了天然的慈爱，还包含了天然的孝爱。亲亲孝慈作为亲人之间情意悬到性的相互绽出，构成对于人而言的原初时间性，一种伦理性的原初时间性。具体而言，这种原初的时间单位载体，是由以“我辈”为当前，以我之“亲辈”为曾在着的过去、我之“子辈”为到来着的将来这样三代“时间相位”构成的时间晕圈。由此便涉及亲亲之间，自我与他人的关系问题。

列维纳斯认为，亲子关系中同时具有同一性与差异性：同一性体现在，我不是拥有我的孩子，而是我是我的孩子——存在

论的同一性关系；差异性则体现在，孩子是作为他者的我，而且是绝对不同于我的他者，不可还原为我——存在论同一的断裂、差异。朱刚老师指出，列维纳斯所理解的亲子关系是一种单向、非交互性的亲子关系，即一方面我是我的孩子，我通过孩子而继续存在，因此这种亲子关系对于父亲而言是本质性的；但另一方面，孩子却必须忘记其起源于父亲，子亲关系对于孩子而言并不具有本质性。这也就意味着，在列维纳斯的亲子关系现象学中，只有父辈面向子辈的“慈”，却并没有子辈面向父辈的“孝”。

儒家的理解与此不同，它强调亲亲的双向性或交互性。孝与慈相互构成、相互绽出，慈爱表现为父母对子女生存有着源源不绝的原发怜爱与维持努力，而孝则是逆流而上、返本报源，亲与子在相互绽出中构成彼此，所以亲亲之于亲与子都是本质性的。换言之，亲亲中的自我与他人（亲与子）正是在亲亲孝慈这种原初存在与原初时间性中相互构成，父慈子孝不仅具有伦理的意义，更具有存在论的意义。

四、AI时代，亲亲何为：亲亲在当今时代的挑战与变异

所有对于过去或未来的思索，总是面对着无可回避的当下。在讲座的最后一部分，朱刚老师从三个方面讨论了在AI时代，亲亲所面临的挑战及其自身的变异。第一，现代个体主义原则兴起，导致亲亲本身的价值受到质疑，不婚不育的观念日渐流行，伴随而来的是家庭萎缩和人伦解体。第二，现代普遍主义伦理对亲亲的批判，实际上是将亲亲的本源性误解为特殊性与偏私性。第三，人工智能日益人化，逐渐进入人伦生活，成为机器人伴侣或机器人家人。在这样的挑战之下，亲亲本身也在经历着现代变

异，并直观表现为向非人领域的两次扩展：一则向宠物扩展，宠物逐渐成为现代人不可分割的“亲人”，甚至代替了真人的陪伴；二则向人工智能体扩展，这更是使亲亲之爱直接超出了碳基生命体的界限。

对此，朱刚老师认为，一方面，亲亲在现代生活中的变异恰恰凸显出了亲亲的本质，说明了亲亲的本质不在于自然血亲关系，也不在于后天伦理规范，而在情意恳到的共同存在本身。但另一方面，我们也不能据此否定人伦关系的存续价值，乃至抛弃血缘关系。因为我与宠物之间、我与AI之间的亲亲，实则皆以“我已被构成”为前提、为可能性条件，而这个我本身却正是在原本的“亲亲”，即自然生育、血缘关系中的亲亲，才被孕育、被构成。并且，这种原本构成我的亲亲越丰满、充沛，就会在我的心性中积淀出越强大的朝向他人、走向他人的亲亲能力。

所以，只要人仍是经过男女构精、十月怀胎，以自然生育的方式生出来，那就没有任何情意恳到的方式能比亲子之间的情意恳到更原发，更具有生存论的构成性、兴发性。亲亲由原初发生在亲人尤其是亲子之间向陌生人的扩展，进而向宠物乃至AI的扩展，只是对原初亲亲的重演、替补。

但值得进一步思考的是，当AI越来越像人，人越来越像AI时，人之为人的本质究竟何在？当人工智能体在理性、智能、情感、语言、使用工具等方面都达到不亚于人类的水平时，人的本质又究竟何在？在电影《银翼杀手2049》中，人和复制人之间的隔离是世界的基石，而能把人和复制人从根本上隔离开的是生育。但当生育的界限被突破，人又将如何自处？倘若亲亲彻底破碎，人是否会丧失存在的关联性，走向人将不人的境地？讲座最后，朱刚老师将这样的疑问抛出，而《中庸》“仁者人也，亲亲为大”的古老教诲亦在此疑问中再次回响，或是答案，或为提醒……

五、交流互动

讲座结束，陈少明教授率先提出了他的看法，他认为朱刚老师对于“亲”这一概念起源的解释极为重要，根据段玉裁的说法，亲（親）字“从見”，見指目光所至，即人眼所见之物，而人最初能看到的其实是身体。所以“亲”在指双亲之前，还包含身体这一层意蕴。《广雅·释亲》中谈及身体的条目有42条，如“人一月而膏，二月而脂，三月而胎”等等。而身体之所以能和亲联系在一起，则是因为所有人的身体都来自父母的身体，所有人生命的起源都是父母。但需要注意的是，虽然亲亲的情感是双向的，但单一的亲子关系本身并不对称，因为父母对子女的养育是一个天然的过程，而子女对父母的孝却需要在成长中慢慢领会。在生命的世代更迭中，只有每个人都既是父母，又是子女，亲子关系才会逐渐平衡起来。

由此也涉及讲座中的另一个问题，即亲亲是一种生物学事实，还是一种伦理规范。显然，儒家是将亲亲建立在生物学事实之上的，但这并不是儒家独有的观念，从最广泛的意义上说，虽然休谟认为应当不能由是推出，但人类社会的最根本的价值（应当）似乎最初都是从生物学基础（是）而来。

最后，陈少明教授补充说明了普遍主义对亲亲的挑战，他指出在普遍主义的视野下，陌生人社会中，人与人必须平等，而亲亲遭受批判，则是因为它似乎暗含了爱有差等。但严格来说，儒家并没有说只有亲人最重要，而是将亲亲视为一个基本事实，因为爱不仅仅是情感的表达，它必须有行为，所以在个体的能力有限的前提下，当我们要去履行道德责任时，爱父母是最自然而直接的着手处。反之，否认父母在亲亲之爱中处于第一位，一味强调抽象而普遍的爱，未尝不是一种虚伪。

在场学生也一一表达了自己对于讲座的感受和疑问。第一位同学问道，在亲亲的结构中，天道去了何处？在没有天道、天理的约束之下，亲亲是否会退化成某种权力意志，为某种非人的亲亲留下空间？

对此，朱刚老师表示，最原初的仁爱是被亲亲给予的，而我们从亲亲当中体验到的就是作为天道的仁。人通过亲亲而明乎仁，又由仁而达乎天道，这是一种由明而诚、由下至上的回溯过程。虽然讲座中没有具体谈论天道，但是通过亲亲—仁—天道的关系结构，天道已然透显出来。也正因如此，亲亲并不会退化为某种权力意志，因为亲亲的究竟处有天道，孝悌慈就是天道的直接在此。

中山大学人文学部副主任、哲学系教授吴重庆也对这一问题作了补充回应，他指出，《礼记·礼运》中言："大道之行也，天下为公……故人不独亲其亲，不独子其子。"此即为天道。朱刚老师在讲座中指出"亲亲"有时间性、生发性，而这种生发性又是有目标、有方向的，这个方向便是大同，即是天道。所以我们将"亲亲"视为一个"标识性概念"，正是希望通过亲亲打通通向大同的道路。《孟子》有言："亲亲，仁也。"仁如朱子所解，是一种最核心的、具有生发性的力量，而亲亲则是生发我们情感最核心的能量的聚集。因此我们可以确信，相较于普遍的无差别的爱，亲亲之爱有着更为牢固的基础，因为它始终为你我共同感受着、把握着。

第二位提问的同学谈到了仁和亲亲的关系问题：其一，亲亲和仁是否同一，抑或亲亲只是通向仁的通道？其二，亲亲和仁孰为本质？对此，朱刚老师认为，仁固然可以从不同层级去理解，但亲亲始终是我们最初所体验到的最原初的仁。所以亲亲不只是通道，而是源头活水，具有生发性的力量，它让我们始终有取之不竭的能力、能量走向他人。

最后一位同学以鲁迅《我们现在怎样做父亲》一文中所谈论的亲子观念为引，提出了自己的问题：以鲁迅为代表的“五四”时期的那一代人，对家庭及亲子关系的理解和本次讲座所谈论的“亲亲”概念，有着怎样的异同？

朱刚老师回应说，就“五四”这一特殊的历史时期而言，以鲁迅为代表的那一代人对于儒家礼教（尤其是父权）的批判，实有着不得不然的迫切性。启蒙的浪潮催逼着青年人的解放，历史在彼时彼刻期待着年轻的人们承担更多的使命与责任。从这个角度来说，鲁迅呼吁长者解放幼者，强调“觉醒的父母，完全应该是义务的，利他的，牺牲的”，展现的是鲁迅那一代人的情怀与担当。但作为子辈的我们回头望去，切不可将父辈肩住黑暗闸门视为理所应当，亦不可在宽阔光明的地方心安理得。亲亲的双向性、交互性提醒着我们，倘若要续写一篇鲁迅式的文章，那笔下赫然出现的标题，理当是《我们现在怎样做子女》了。

（整理：何擎宇）

“标识性概念”系列讲座第三十讲

单 位

主讲人：田毅鹏
主持人：吴重庆
时 间：2025年11月4日
地 点：中山大学锡昌堂103讲学厅

田毅鹏 法学博士，吉林大学“匡亚明学者”杰出教授，社会学博士生导师。教育部“重大人才工程奖励计划”特聘教授，新世纪百千万人才工程国家级人选，国家有突出贡献中青年专家，民政部专家咨询委员会委员。中国社会学会第十届、第十一届（2018—2023年）副会长，教育部社会学学科教学指导委员会副主任委员，教育部新时代马工程重点教材首席专家，国家社会科学基金重大项目首席专家，中国社会学会农村社会学专业委员会主任委员，吉林省社会学会会长等。

主要研究方向为社会学理论、发展社会学、城乡社会学、城市治理等，发表学术论文200余篇，出版《单位共同体变迁与城市社区重建》等学术著作十余部，获教育部第八届人文社会科学优秀成果奖二等奖等学术奖励。

“单位”是中国研究中最富有解释力和拓展性的重要概

念。它既上溯传统，又深度嵌入到中国由传统向现代的转型之中，虽历经变迁，其影响却绵延至今。海外中国研究中的“单位理解”与中国本土学者的“单位认识”交相互动，演绎出富有复杂韵味的单位研究传统。从共同体角度审视单位现象，我们会发现新中国成立以来依托于企事业单位建立起来的“单位共同体”，不是一般意义上的组织和制度，而是作为解决社会总体危机、“重建社会”的根本性措施而出现的，表现出一种特殊的共同体类型和样态。

单位共同体在20世纪四五十年代东北解放战争过程中开始呈现出雏形，“一五”期间正式形成，并由工业企业向政府和事业单位扩展，成为改革开放前中国社会体制基础的制度架构和组织单元。20世纪80年代，伴随着拨乱反正和改革开放的进程，“单位共同体”通过厂办大集体和接班顶替制度等途径，在短时间内得到一定扩张，获得新的发展生机。但从20世纪80年代后期起，我国国企普遍出现衰退迹象，导致单位制的发展步入变革期。单位制改革及变迁伴随单位共同体走向消解，单位福利分房制度不再，“企业办社会”功能式微，“厂办大集体”与母企业脱离，使得单位社会开始走向终结，但作为新中国成立以来中国社会的基本社会构架，单位并没有完全退场,而是以“组织动员”“隐形在场”等多种形式继续发挥其影响。

作为中国“制度”的“单位”

2025年11月4日上午10时，“标识性概念”系列讲座第三十讲

“单位”，在中山大学广州校区南校园锡昌堂103讲学厅举行。本期讲座由吉林大学哲学社会学院田毅鹏教授主讲，中山大学人文学部副主任、哲学系吴重庆教授主持。

讲座伊始，吴重庆教授谈到，田毅鹏教授长期致力于“单位”研究，田教授对“单位”在社会各层面的深远影响有着切身体认。吴重庆教授进一步指出，“标识性概念”不仅源自中国思想传统，也孕育于中国革命与社会主义建设的实践历程。“单位”与“集体”一样，是理解中国社会主义建设时期城市与农村社会构造的标识性概念。

一、“单位研究”的起源及研究基调

田毅鹏教授首先指出，“单位”作为一个极具拓展性与复杂性的概念，其问题意识源于中国特有的制度实践。他区分了广义与狭义的“单位”，强调其与多种制度相互嵌合，具备强大的社会解释力。

进而，田毅鹏教授梳理了学界对“单位研究”的两条线索：第一条线索源于“中国研究”（China Studies），特别是海外的“共产主义中国研究”领域。以费正清（John King Fairbank）、傅高义（Ezra F. Vogel）、华尔德（Andrew Walder）、裴宜理（Elizabeth J. Perry）、安舟（Joel Andreas）等为代表的学者，从组织研究、制度研究与文化研究的视角，持续追问：共产主义社会的内在构成及其运作逻辑究竟是什么？他们的研究范式经历了从“极权主义”到“多元主义”，再到华尔德提出的“新传统主义”（Neo-traditionalism）的演变，试图解释在国家社会主义体制下，独特的制度性依附与权威关系如何形成。田毅鹏教授特别指出，华尔德的研究被视为“单位研究”的起点，其创新在于跳出“极权—多元”的二元对立，提出“庇护主义”分析路径，并从国有企业这一微观组织切入，展现出独到的学术眼光。

第二条线索则生发于中国本土学界对计划经济时代的批判与反思。以路风、李路路、李汉林、张静、杨晓民、刘建军等学者为代表，他们立足中国自身的社会转型经验，对“单位体制”的起源、形成、运作机制及其社会后果展开深入剖析。田毅鹏教授认为，这两条线索——一外一内，一为观察解释，一为内在反思——在学术场域中交织互动，共同奠定了单位研究的基调：既具有批判性的审视，亦致力于解释性的构建，并始终强调中国社会经验的特殊性。

二、对“单位”的界定：制度、组织与资源

如何准确把握“单位”的内涵？田毅鹏教授从多重视角进行了界定。他首先引入“单位体制”概念，援引路风与刘建军的观点，指出其指涉整个社会依靠单位组织形式运转的结构性特征。田毅鹏教授强调，“单位体制”不仅具备控制功能，更具有社会动员与矛盾化解的能力，其影响延续至今。

在“单位制度”层面，他重点引用李汉林的界定：“单位之所以被看作一种制度，是因为它是在主流意识形态和价值观念基础上建立起来的一种特殊的组织和机构形态。”

就“单位组织”而言，田毅鹏教授借鉴李猛等学者的研究，将“单位”提炼为一种“德治性再分配体制内的制度化组织”。其制度化基础包括：国家作为资源的唯一或主要提供者、组织领导者由上级决定、结构科层化与功能科层化相分离，以及成员的

永久性就业（“铁饭碗”）。这一定位深刻揭示了单位体制内部资源依附、人格化支配与制度仪式化并存的复杂特性。

三、单位如何表征中国社会?

在概念界定基础上，田毅鹏教授从历时性角度梳理了“单位”的历史脉络，主张将其置于中国长时段历史中审视，以理解其深层的文化与社会逻辑。他勾勒出宏观的历史序列：封建社会（宗法血缘）—（秦以后）郡县社会（皇权—家产官僚制）—（1949年后）单位社会（现代多民族国家的组织化）—（改革开放后）后单位社会（转型社会）。这一脉络展现了中国对社会进行整合与组织化的持续努力。

在单位制与中国千年传统方面，田毅鹏教授以河南刘庄史来贺的个案，说明传统乡村领袖与现代政经负责人角色的融合。他认为，孟子的“井田制”构想——“方里而井，井九百亩。其中为公田，八家皆私百亩，同养公田。公事毕，然后敢治私事”——虽为理想蓝图，但其蕴含的“公私”格局、集体劳作与秩序观念，为后来的集体化组织生活埋下伏笔。

在单位制与中国百年传统方面，田毅鹏教授指出，近代中国面临民族与社会矛盾深重的“百年散弱”局面。从梁启超感慨国人“知家族而不知国家”，孙中山痛心于“一盘散沙”，到梁漱溟、潘光旦批判社会松散，核心问题是如何将民众凝聚为现代民族国家力量。毛泽东“克服旧中国散漫无组织的状态”的号召，成为“单位制度”重构的直接动力。

田毅鹏教授特别分析了苏联经验及模式的影响，强调这是一个“苏联化”与“去苏联化”复杂博弈的过程。美籍学者卞历南在《制度变迁的逻辑》中指出，解放后的计划经济与国企制度在治理结构上可追溯至1927—1945年间的国企雏形，而国民党当时模仿的正是苏联模式，可见中国对苏联模式的借鉴并非始于1949年。“一长制”原则由建国初期的东北率先采用，但其后经历了从《共同纲领》规定的“厂长领导之下的工厂管理委员会”，到华北探索党委领导体制，再到1954年推行“厂长负责制”的反复。1956年，“党委领导下的厂长负责制”最终确立，标志着单位内部基本格局的形成，也证明中国有“单位”而苏联无“单位”。这一“去苏联化”过程，体现了单位制形成中的主体性选择，为“单位研究”理解中国道路提供了关键论据。

四、单位社会的“结构装置”及其变迁走向

田毅鹏教授进一步分析了单位社会的结构特征，提出“三条线”框架：主线为“国家—单位—个人”的纵向管理体系；辅线为“国家—街居—个人”这一以“单位外人群”为对象的管理体系；横向则存在“跨单位组织”的联结体系。他以长春第一汽车制造厂为例，说明单位不仅是制度概念，也是一种空间实体与社会结构。厂区与生活区融为一体的格局，促成了集生产、生活、治理、教化于一体的“单位共同体”，物理性地将个体嵌入国家组织网络。单位的“全能化”特征体现在组织大型化、党政双重体制、社会动员机制与福利依赖体系等方面。

对于单位社会的历史评价，田毅鹏教授指出其三重积极功能：实现空前社会整合，将“一盘散沙”的民众纳入组织化轨道，奠定现代国家建构的社会基础；支撑特定时期的工业化战略，在资源稀缺状态下集中动员，加速工业化进程，为后续改革

积累物质基础；塑造独特的社会伦理与文化，通过单位伦理调控人与社会关系，维护社会基本稳定。

当然，单位制也存在明显弊端："软预算约束"问题使企业生存依赖于官僚协调而非市场竞争；缺乏有效管理监督；国企社会成本高昂，导致功能内卷化与人员过密化。

随着改革开放与社会转型，单位制发生深刻变迁。学界出现"单位终结论"与"后单位社会"的讨论，核心是"去单位化"，即社会功能从单位向社区转移。然而，更准确的描述或许是"单位制度的隐形化"。如柴彦威等学者所指，单位作为正式制度虽已弱化，但其逻辑、关系网络与行为模式仍作为非正式制度，以隐蔽方式持续作用于中国城市社会。单位制变迁的复杂性常被低估，其制度遗产仍深嵌于当下社会结构之中。

讲座最后，田毅鹏教授援引沟口雄三的"基体展开论"与柯文"在中国发现历史"的方法论视角，强调"单位"是读懂中国社会的关键词与锁钥。理解"单位"，对把握体制内/外身份变迁、单位演化与社会活力释放具有重要的镜鉴意义。

五、交流互动

讲座结束后，吴重庆教授指出"单位"作为一个"标识性概念"，在20世纪90年代国企改制以来，一直都是学术研究的热点。在三十年后的今天，我们有必要重访"单位"研究。一直以来，"单位"都被认为是"低效""束缚"的代名词。田毅鹏教授对"单位"的研究，有助于我们重新思考"单位"的价值。

有听众提问：其一，"一五"期间，一汽建立产业工人入住的"大屋檐"工人新村，对于单位的形成有何意义？其二，如何把“单位”的优势转化到现代企业管理中去？田毅鹏教授回应，从访谈的情况看，一汽“大屋檐”工人新村的建立标志着工人阶级在企业主人翁地位的实现，为单位的形成提供了社会空间基础。此外，国企市场化问题确实是一个难题，而学界对这个问题一直都在持续讨论和研究。通过“抓大放小”改革，央企努力减少冗员，压低社会成本，在很大程度上提高了效率，但仍需持续加强。另一方面也要积极从开拓市场的角度进行改革。

第二位提问者提出：改革开放后虽然对单位展开了系统的改革，但“单位”仍然表现出明显的延续性，这对改革开放的深度有何影响？田毅鹏教授回应道，其实单位现象从其发生之时起，便不是一个地域性的“个例”，而是中国社会的一个总体性现象及问题。“单位”的发生及延续带有一定的必然性。这既有来自传统思想的路径依赖，也与冷战背景和中国发展资源总量不足密切相关。我们必须以高度组织化、高度集中化的形式加以应对。但从另一方面看，当下延续的“单位”已非彼时之“单位”。为了克服单位体制带来的效率及活力困境，我们必须走“全面深化改革”的道路，虽然在改革的道路上会经历阵痛，且由于现代化问题的复杂性，没有一味“妙药”能毕其功于一役，因此只有不断地研究探索、不断地改革才能使“单位”在新的历史条件下重新焕发活力。

（整理：孙伟鑫）

www.ingramcontent.com/pod-product-compliance
Lightning Source LLC
LaVergne TN
LVHW022117071026
849580LV00015B/2107
* 9 7 8 7 3 0 6 0 8 7 0 4 1 *